KB244498

NEVER ENDING SOAP STORY
Lavender
Neroli
Niaouli
Lemon
Lemongrass
Rosemary
Majram
Mandarin
Bergamot
Vetiver
Cypress
Sandalwood
Cinnamon
Cedarwood
Orange Sweet
Ylang Ylang
Jasmin

에코맘 케어

에코맘 케어

지은이 안미현
펴낸이 안용백
펴낸곳 (주)도서출판 넥서스

초판 1쇄 인쇄 2010년 2월 5일
초판 1쇄 발행 2010년 2월 10일

출판신고 1992년 4월 3일 제311-2002-2호
121-840 서울시 마포구 서교동 394-2
Tel (02)330-5500 Fax (02)330-5555
ISBN 978-89-6000-730-7 13590

www.nexusbook.com
넥서스BOOKS는 (주)도서출판 넥서스의 실용 브랜드입니다.

아이와 엄마가
행복해지는
천연비누&화장품
만들기

에코맘 케어

안미현 글·그림

넥서스BOOKS

엄마의 건강이 아이의 건강이다 

임신은 여성에게만 주어지는 위대한 축복이며 행복이다. 하지만 임신이 주는 행복한 기대감과 충만감 뒤에는 불안과 우울을 동반한 두려움이 자리하고 있다. 임신과 출산을 통해 여성의 몸과 마음, 생활 리듬이 큰 변화를 맞이하기 때문이다.

가장 큰 변화는 몸에서 시작된다. 임신을 하면 배가 불러오고 가슴이 커지며, 허벅지를 비롯한 하체 전반에 살이 찌거나 부기가 나타난다. 임신 전의 날렵한 몸매는 오간데 없이 전반적으로 둥실둥실한 임산부의 체형으로 변화하는 것이다. 이 같은 변화는 아름다움을 추구하는 여성에게 큰 부담으로 작용한다. 특히 출산 이후 이전의 체형을 되찾지 못하면 산후우울증으로 이어지기도 한다.

심리적인 변화도 크다. 임신 중에는 자신에게 나타난 신체적인 변화에 적응하는 동시에 입덧이나 식성의 변화, 갖가지 피부 트러블에 대처해야 한다. 이 같은 변화는 심리적 긴장과 위축을 야기해 스트레스를 유발한다. 또

한 출산으로 인한 경제적 부담과 엄마로서의 새로운 삶에 대한 준비 역시 기쁨과 비례할 만큼 큰 스트레스를 동반한다. 또한 출산 이후에는 자기만의 시간을 갖기 어렵고, 남편과의 관계나 생활패턴 역시 아이를 중심으로 재편되어야 한다. 삶의 주역이 부부에서 아이로 전환되는 것이다.

여성의 삶은 출산 전과 출산 후로 나누어진다고 해도 과언이 아니다. 때문에 맘케어는 몸과 마음, 생활 전반에 걸쳐 이루어져야 한다. 더불어 엄마의 생활환경이나 사용 제품에 따라 직접적인 영향을 받는 아기의 건강과 안전을 보장할 수 있어야 한다. 그런 점에서 임산부에 대한 천연케어는 최선의 선택이라고 할 수 있다. 천연케어는 단순히 피부에 좋은 비누나 화장품을 사용하는 데 그치는 것이 아니라, 임신으로 인한 긴장, 출산에 대한 불안, 출산 이후의 우울증까지 동시에 관리해주는 총체적인 시스템이다.

이 책에서 알려주는 레시피는 모두 이와 같은 조건을 고려하여 구성된 것들이다. 출산 시점을 기준으로 하여 '임신 중 엄마'와 '출산 후 엄마'로 큰 카테고리를 나누고, 얼굴, 복부와 하체, 보디, 헤어 등에 대한 디테일한 관리 기준을 제시하고 있다. 여기에 더해 건강하고 안전한 출산을 위한 마사지와 모유 수유로 인한 후유증을 예방해주는 가슴 관리까지, 임신과 출산 과정을 통해 여성이 필요성을 느끼는 모든 부분을 커버할 수 있도록 신경을 썼다.

임신 중에 피부 트러블이나 우울한 기분 등이 나타나는 것은 호르몬 작용으로 인한 자연스러운 변화인 경우가 많다. 전에 없던 아토피나 건조증이 나타나기도 하고, 반대로 피부나 머릿결이 지성으로 변하거나 여드름이 나기도 한다. 또 갑작스럽게 팽창되는 복부나 가슴, 다리 등에 튼살이 나타나고 색소침착이나 기미가 발생하기도 한다. 이 같은 변화는 대부분 자연스러운 과정의 하나이고 대부분은 출산을 정점으로 완화되지만, 적극적으로 대처하지 않으면 몸과 마음에 지울 수 없는 흔적을 남기기도 한다.

하지만 임신 중이나 출산 직후에는 몸이 무겁고 감각이 예민해지기 때문에

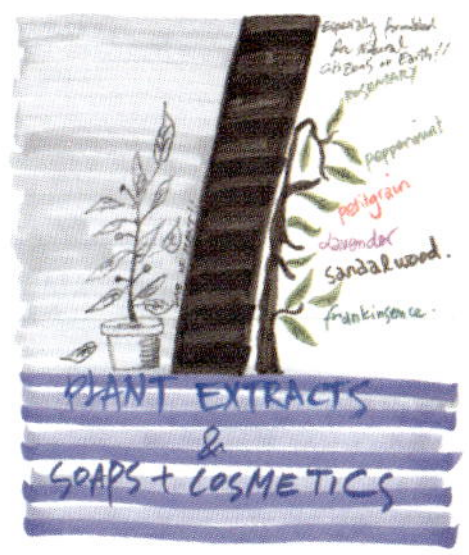

매사에 의욕이 없고 무기력해지기 쉽다. 이럴 때일수록 몸을 가꾸고 생활을 가꾸어야 임신과 출산 과정을 즐겁게 유지할 수 있다. 또한 엄마가 자신의 아름다움을 가꾸고 행복감을 느끼는 것만으로도 아기에게는 훌륭한 태교가 된다는 점을 기억해야 한다. 바꾸어 말하자면, 임신과 출산을 매개로 발생하는 몸과 마음, 생활의 변화를 자연스럽게 받아들이고 적극적으로 대처하는 것은 여성 스스로 자신을 지키기 위한 최소한의 의무인 셈이다.

엄마 스스로 자신의 임신과 출산을 즐겁고 건강하게 유지하는 것은 아기에게도 최고의 선물이 된다. 그 방법의 하나로 천연케어를 선택했다면 당신은 이미 지혜로운 엄마가 될 준비를 마쳤다고 할 수 있다. 당신에게 다가온 임신과 출산을 생애 최고의 순간으로 만들어가기를 바라며, 가장 편안하고 아름다운 방법인 천연케어를 선택한 당신에게 박수를 보낸다.

안미현

C O N T E N T S

CONTENTS

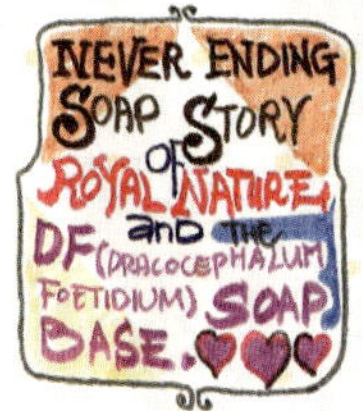
NEVER ENDING
SOAP STORY
of
ROYAL NATURE
and the
DF (DRACOCEPHALUM
FOETIDIUM) SOAP
BASE.

part 1
임산부를 위한
천연 케어
베이식 레슨

천연재료와 네추럴케어 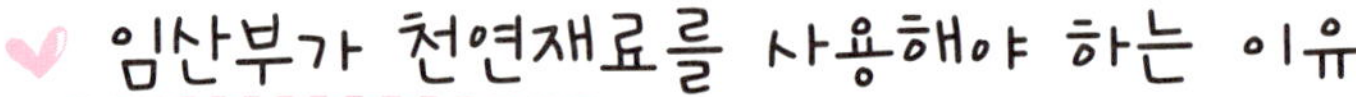

임산부가 천연재료를 사용해야 하는 이유

천연 관리의 중요성은 이미 충분히 알려져 있다. 많은 사람들이 공장형 제품의 위험성을 인지하고 천연재료로 비누와 화장품을 만들어 쓰고 있으며, 믿을 수 있는 회사의 천연제품을 구입하기 위해 정보를 구하고 있다. 더욱이 임산부라면 자신과 아이의 건강을 위해 반드시 천연재료를 사용해야 한다.

엄마가 사용하는 모든 제품은 아기에게 영향을 줄 수 있다

무엇보다 태아의 건강을 생각해야 한다. 요즘같이 음식과 생활환경 자체가 위험 요소로 떠오를 때는 더욱 신경써야 한다. 임산부의 몸에 직접 사용하는 비누나 화장품 등은 뱃속의 아기에게도 영향을 미칠 수 있으므로 항상 주의한다. 각종 화학 첨가물과 방부제로 범벅이 된 공장 제품보다는 천연재료를 활용해 엄마가 직접 만든 제품이 더욱 안전하고 믿을 수 있다.

임산부는 다른 어떤 시기, 어떤 여성보다 민감하다

임신과 출산 과정에서 여성은 다른 어느 때보다 예민한 감각을 경험하게 된다. 이는 달라진 몸에 따른 호르몬의 작용이기도 하지만, 임산부 자신과 아기에게 위험한 요소를 감지해내기 위한 자연의 섭리이기도 하다. 이처럼 민감해진 임산부에게는 강한 향이나 화학 첨가물은 큰 부담으로 작용할 수 있다. 임신과 출산 과정에는 되도록 자극이 적고 향이 순하며 기분을 상쾌하게 전환해주는 천연재료들을 사용하는 것이 좋다.

임신과 출산 과정에는 특별 관리가 필요하다

임신과 출산을 계기로 여성은 급격한 신체적 변화를 겪게 된다. 전에 없이 살이 찌기도 하고, 유방이나 복부의 피부가 급격히 늘어났다 줄어들기도 한다. 또한 피부가 건성이나 지성으로 변하고, 순식간에 탄력이 저하되어 주름이 생긴다. 이 밖에 기미나 주근깨 등 잡티가 올라오고 임신선이나 튼살 등이 생기면서 몸의 변화로 인해 정신적 스트레스도 커져간다.

이처럼 급격하고 낯선 변화를 겪는 동안에는 몸에 직접 닿는 화장품이나 비누 등의 제품을 사용하는 데 있어서도 특별한 관리가 필요하다. 이 기간 동안은 보습과 탄력, 미백 등 모든 기능성 관리가 단시간 내에 집중되어야 하다. 몸에 좋은 영양 성분이 가득한 천연재료는 이러한 집중 케어에 뛰어난 효능이 있으므로 꾸준히 사용해 건강한 몸을 만들 수 있다.

우울한 기분까지 한꺼번에 씻어낼 수 있다

아기를 갖고 엄마가 되는 일은 행복한 일이지만 그 과정이 모두 즐거운 것은 아니다. 임신 기간 동안 겪는 우울과 불안, 입덧, 산후우울증 등은 엄마와 아기의 건강을 위협하기도 한다. 때문에 임산부를 관리하는 모든 영역에서는 마음을 안정시키고 스트레스를 해소하며, 기분까지 전환해주는 배려가 필요하다. 천연재료를 활용한 케어는 피부 관리는 물론, 여성으로서의 아름다움, 엄마로서의 행복까지 함께 누릴 수 있도록 구성되어 있다. 천연재료를 사용하면 스스로 자신의 마음을 다스리고 평정을 되찾을 수 있으며 만들기의 즐거움과 실용성, 태교까지 가능해 더욱 좋다.

환경도 보호할 수 있다

환경을 생각하는 사람들이 늘어나면서 '에코(ECO)'에 관한 관심도 높아지고 있다. 단순히 환경을 망치는 제품 사용을 줄이는 것에서 환경오염의 우려가 없는 제품과 재료를 사용해 건강과 환경의 두 마리 토끼를 모두 잡고자 한다. 하나를 쓰더라도 몸에 좋고 환경을 생각하는 천연비누와 화장품을 사용해야 건강한 몸과 환경을 만들 수 있다.

임산부에게 좋은 천연재료의 종류와 활용법

베이스 오일

식품의 지용성 성분을 냉압 방식으로 추출한 식물성 오일이다. 휘발성이 없는 식물성 오일에 에센셜 오일을 희석하여 사용하기 때문에 캐리어 오일(Carrier Oil), 또는 베이스 오일이라고도 불린다. 유통기한은 1년 이내로, 쉽게 산패되는 것이 단점이다.

🌱 **그린 티 시드(녹차씨) 오일(Green Tea Seed Oil)** 불포화지방산을 많이 함유하고 있으며 그중 리놀렌산이 가장 많다. 비타민A, B와 타닌(Tannin) 성분이 피부 점막 세포를 건강한 상태로 유지시키는 작용을 한다. 피지 조절과 살균 작용을 하는 카테킨(Catechin) 성분이 함유되어 있다.

🌱 **달맞이꽃 종자 오일(Evening Primrose Oil)** 고보습, 고유연성 오일로 피부 자극 완화 및 표피 방어막 기능을 유지하는 데 필요한 필수지방산을 가지고 있다. 건조한 피부나 가려움증, 습진, 건선, 아토피 등에 쓰인다. 얼굴의 잡티를 없애주고 피부 건조 때문에 발생하는 주름도 줄인다.

🌱 **대마씨 오일(Hempseed Oil)** 대마나무를 저온 압착하여 추출한 오일로 점도가 낮고 올리브 오일과 비슷한 역할을 한다. 필수지방산인 비타민A, D, E, 미네랄, 오메가 3와 오메가 6를 공급해준다. 습진, 아토피와 흉터를 완화하며 보습 및 피부 트러블 진정 효과가 있다.

🌱 **로스힙 시드 오일(Rose Hip Seed Oil)** 필수지방산과 리놀산, 리놀렌산이 풍부해 피부 재생, 흉터 완화 효과가 있다. 피부에 바르는 즉시 흡수되며 수분 공급이 뛰어나다. 습진, 건선, 건성, 노화된 피부, 색소침착, 상처 등에 사용한다.

🌱 **마카다미아넛 오일(Macadamia Nut Oil)** 호호바와 비슷한 성분으로, 사람의 피지 구조와 유사한 성분을 가지고 있어 피부에 빠르게 흡수된다. 영양이 풍부한 오일로 모든 피부 타입에 잘 맞고, 특히 피부의 수분 감소를 막고 산화 작용을 방지하기 때문에 만성적인 건성 피부에 좋다.

🌱 **살구씨 오일(Apricot Kernel Oil)** 아주 가벼운 섬유질과 토코페롤이 들어 있어 노화되거나 민감한 피부

에 사용되며, 끈적임이 적고 사용감이 가볍다. 비타민A와 필수지방산을 많이 함유해 피부 관리에 두루 이용된다.

🌿 **세인트 존스 워트 오일(St. John's Wort Oil)** 세포 생성의 촉진은 물론 항균과 항염증 작용이 뛰어나며 피부를 부드럽고 강하게 만들어준다. 진정 작용이 있어 과도한 햇볕 노출 또는 다른 환경요인에 의해 자극받은 피부에 바르면 좋다. 수렴, 항염, 국소적인 항통증, 방부성, 불안 완화 효과가 있어 신경통, 결합조직염, 좌골신경통, 특히 폐경 신경증에 좋다. 오랫동안 우울증을 앓아온 사람들, 정신적인 탈진이나 회복기의 사람들에게 사용해도 효과적이다. 수면의 질을 높여 신경긴장 등으로 인해 고통받는 사람들의 기분을 좋게 하고 활동력을 증가시키는 것으로도 알려져 있다. 화상이나 멍든 곳, 상처 등 피부의 문제들에 사용하기도 한다.

🌿 **스위트 아몬드 오일(Sweet Almond Oil)** 피부에 쉽게 흡수되어 피부를 부드럽게 해주며, 특히 민감한 피부, 건성 피부, 가려움증에 좋다. 올레인, 글리세라이드(Glycerides), 리놀렌산이 풍부하게 함유되어 있다.

🌿 **아르간 오일(Argan Oil)** 불포화지방산과 비타민E가 풍부해 보습력이 탁월하며 피부에 탄력을 준다. 세포의 노화를 방지하고 피부 자극 및 염증을 감소시키며 여드름, 습진, 건선, 부서지기 쉬운 손톱 강화에 좋다.

🌿 **아르니카 인퓨즈드 오일(Arnica Infused Oil)** 긴장된 근육을 이완시키며 혈액순환에 도움을 준다. 골절, 타박상, 멍, 관절염, 출혈, 붓기 제거에 효과적이다.

🌿 **아보카도 오일(Avocado Oil)** 아보카도나무의 정제되지 않은 오일로 검녹색을 띤다. 민감한 피부를 진정시키고 비늘처럼 일어나는 건성 피부를 완화시킨다. 비타민A, B_1, B_2, E, 판토텐산 및 레시틴 등을 함유하고 있어 건조하고 주름진 피부에 매우 효과적이다.

🌿 **알로에 베라 오일(Aloe Vera Oil)** 각종 트러블과 햇빛에 의해 손상 받은 피부를 회복시켜준다. 피부에 부드럽게 스며들고 끈적임이 없다.

🌿 **올리브 오일(Olive Oil)** 피부를 진정시키고 자극을 완화하기 때문에 벌레 물린 곳이나 가려움증에 쓰인다. 탈수되거나 자극 받은 피부, 흉터와 튼살 예방에도 효과적이다. 마사지나 스킨케어에 사용할 때는 좀더 가벼운 질감의 오일과 함께 사용하는 것이 좋다.

🌿 **윗점 오일(Wheat Germ Oil)** 피부 건선 치유, 피부 탄력 촉진 및 세포 재생에 효과가 있다. 비타민E가 다량(190mg/100gm) 함유되어 있어, 특유의 항산화 효과를 나타내며 다른 베이스 오일에 10% 정도로 혼합하여 보존제로 이용하기도 한다. 단백질, 미네랄이 들어 있어 조직 재생 효과가 뛰어나므로 노화, 주름, 흉터, 튼살 등에 사용한다. 밀 알레르기가 있는 사람은 유의해서 사용해야 한다.

🌿 **카렌듈라 인퓨즈드 오일(Calendula Infused Oil)** 카렌듈라 드라이 플라워를 해바라기씨 오일이나 세사미 오일에 침출시켜 얻는 오일로 비타민A, B, D, E를 함유하고 있다. 항염 효과가 있어 잘 낫지 않는 상처나 궤양, 타박상, 화상, 발진, 습진, 기저귀 발진 등에 쓰인다. 가려움증에도 사용하며 건성화되어 튼 피부를 진정시키고 부드럽게 만든다.

🌿 **카멜리아(동백) 오일(Camellia Oil)** 동백나무 열매에서 추출한 오일로 끈적임이 없고 올레인산을 많이 함유하고 있다. 피부를 진정시키는 효과가 있으며 노화, 건성 피부에 많이 쓰인다. 피부와 모발 등 다양하게 적용할 수 있으며, 피부 과민반응을 완화시켜 알레르기성 피부염, 특히 아토피에 좋다고 알려져 있다. 비타민A, B, E를 함유하고 있다.

🌿 **타마누 오일(Tamanu Oil)** 상처를 치유하고 새로운 조직의 생장을 촉진한다. 항염 작용과 상처를 아물게 하는 효과가 탁월해 각종 피부 트러블과 상처, 화상에 이용한다. 갈라진 손발, 동상, 벌레 물린 곳, 여드름, 습진, 건선, 아토피 등에 좋다.

🌿 **포도씨 오일(Grapeseed Oil)** 가벼운 섬유질, 무색, 무취의 성질 때문에 마사지 혼합물로 인기가 높다. 불포화지방산을 많이 함유하고 있어 모든 피부 유형에 적용할 수 있으며, 아기 피부에도 부담 없이 사용할 수 있다.

🌿 **푸에라리아 오일(Pueraria Oil)** 피토에스트로겐이라고 불리는 천연 식물성 에스트로겐으로 호르몬 기능 촉진과 노화 억제 역할을 비롯해 피부 탄력을 높여 가슴, 엉덩이 부위에 마사지를 하면 매끄럽고 탄력 있게 만들어준다.

🌿 **피마자 오일(Castor Oil)** 피부에 촉촉함이 남도록 도와주는 기능을 한다. 뛰어난 보습 기능으로 샴푸바, 클렌징바를 만들 때나 스킨케어 제품을 만들 때도 많이 이용된다.

🌿 **골든 호호바 오일(Golden Jojoba Oil)** 사람의 피지와 지방산 조성이 유사하여 피부 보습성이 우수하고 침투성이 좋아 사용한 즉시 피부를 촉촉하게 만든다. 항균 작용이 있어 여드름 피부나 아기에게도 사용하며 피부염과 건선, 과도한 피지 분비, 여드름, 탈모 등에도 효과가 있다.

🌿 **정제 호호바 오일(White Jojoba Oil)** 골든 호호바 오일과 효능은 같고 색만 제거한 오일이다.(투명) 화이트 호호바 오일이라고도 한다.

식물의 다양한 부위에서 증류법으로 추출한 에센스다. 임신 중 사용에 대해서는 전문가들의 의견이 다양하다. 자궁 수축, 호르몬 조절, 생리 촉진 등의 효과가 있는 에센셜 오일은 임신 기간 동안 사용을 피한다. 일부는 임신 초기 이후에 사용할 수 있으나 개개인에 따라 향에 민감하게 반응할 수 있어 입덧이 심한 산모는 주의한다.

🌿 **그레이프 프루트(Grapefruit)** 레몬과 비슷한 상큼한 향으로 머리를 맑게 하고 청량감을 준다. 체내 순환을 도와 셀룰라이트(Cellulite) 같은 독소를 분해한다.

🌿 **네롤리(Neroli)** 오렌지 꽃에서 추출한 오일로 가벼운 느낌의 발랄한 꽃향기가 난다. 비알레르기성으로 염증과 안면홍조를 가라앉히고 정신적인 피로나 스트레스에 효과가 있다. 민감한 피부는 물론 산모, 신생아와 유아 관리에 사용해도 안전하다. 발향법으로 사용할 때 오렌지와 함께 아기용으로 가장 추천할 만한 오일이다.

🌿 **라벤더(Lavender)** 라벤더 꽃에서 추출한 오일로 불면증 등 정신적인 문제에 적용한다. 모든 피부 관리에 사용되며 어린이나 산모 관리에 사용해도 될 만큼 안전하다. 진정, 살균, 상처 치료, 항진균 등의 효과를 가지고 있다. 임신 4개월 이전에는 사용하지 않는다.

🌿 **레몬(Lemon)** 상큼한 향으로 머리를 맑게 해준다. 수렴 효과가 있어 모공을 수축시켜주기 때문에 지성 피부에 사용하면 좋다. 셀룰라이트나 울혈을 푸는 데도 효과적이다. 자외선에 의해 피부가 자극을 받았을 때 생성되는 멜라닌 색소를 억제한다.

🌿 **로만 캐모마일(Roman Chamomile)** 기분을 편안하게 만들어주는 향으로 불면증에 효과가 있으며 민감한 피부나 안면홍조, 건조한 피부 등에 사용하면 좋다. 임신 4개월 이전에는 사용하지 않는다.

🌿 **로즈(Rose)** 달콤하고 우아한 향이 행복한 기분을 느끼게 해주며, 우울, 불안, 슬픔, 질투, 원한과 같은 부정적인 마음 상태를 푸는 데 효과적이다. 거의 모든 피부 타입에 효과가 있으나 특히 노화 초기나 건성, 민감, 안면홍조 등에 대한 수렴 효과가 탁월하다. 생리를 촉진하는 작용이 있으므로 임신 중에는 피부에 사용하지 않는다. 은은하게 발향하면 도움이 된다.

🌿 **로즈마리(Rosemary)** 감기나 천식 등 호흡기에 문제가 있을 때 사용하면 좋고, 혈액순환을 활성화시키기 때문에 보디 마사지 오일에 희석하여 사용하기도 한다. 탈모에 주로 쓰지만 산후 두피와 모발 관리에 이용하면 좋다. 임신 중일 때는 사용하지 않고 산모에게는 흡입과 발향법으로 소량 사용한다.

마조람(Majoram) 쌉쌀함과 달콤함이 어우러진 독특한 향을 지니며 진정 작용이 있어 우울하고 마음이 답답할 때 안정감을 주고 무언가 결여된 느낌을 채워준다. 멍을 빨리 풀어지게 하며 근육통을 완화시킨다. 임신 중에는 사용하지 않거나 소량 국소 부위에 쓴다.

만다린(Mandarin) 오렌지와 비슷한 시트러스의 달콤하면서도 상큼한 향이 난다. 장을 진정시켜주며 튼살 완화에 효과가 있다. 어린이나 임산부에게도 사용할 수 있는 안전한 오일이다.

블랙페퍼(검은 후추) 근육의 경직으로 생기는 통증을 완화시킨다. 산모는 국소 부위에 소량 사용한다.

사이프러스(Cypress) 수렴 효과가 뛰어나 정맥류에 사용된다. 급성 기관지염이나 기침, 천식 등의 호흡기 문제에도 두루 쓰인다. 과도하게 분비되는 땀이나 피지를 줄여주는 작용을 하기 때문에 목욕 시 사용하면 좋다. 치질로 인한 통증 완화에 도움이 되지만, 임신 4개월 이전에는 사용하지 않는다.

샌들우드(Sandalwood) 나무향이 나는 오일로 진정과 수분 공급 작용을 해서 수분 손실과 염증, 건성 피부에 주로 사용된다. 인도에서는 명상용으로 많이 쓰인다.

시더우드(Cedarwood) 풍부한 나무향의 오일로 지성 피부 및 두피에 사용한다. 탈모 증상에 주로 쓰인다.

오렌지(Orange) 마사지 오일에 희석하여 사용하면 장의 연동을 도와 소화불량, 변비, 설사 등을 해소해준다. 릴랙스한 시트러스 향으로 산모나 아기 방에 발향하면 좋다.

유칼립투스(Eucalyptus) 머리를 맑게 하는 향으로 호흡기 문제에 가장 효과적이다. 벌레 물린 곳, 감기 예방에도 좋다. 강한 항균력을 가진 오일로 공기 중 세균 번식을 막는다.

일랑일랑(Ylangylang) 화사한 플로랄 향으로 기분을 상승시켜준다. 모든 피부 타입에 사용할 수 있고 산후 손상된 모발 관리에 사용하면 아주 좋다.

재스민(Jasmine) 건성이나 노화된 피부에 사용하는 오일이다. 향이 강하므로 1~2방울씩 사용한다. 산후 우울증에 효과가 있어 마사지를 하거나 스킨케어 제품에 사용하지만, 임신 중에는 사용을 금한다.

저먼 캐모마일(German Chamomile) 가장 안전한 에센셜 오일 중 하나로 아기와 어린이에게 사용한다. 카마줄렌과 비사보롤(Bisabolol) 등 항염증 성분이 있어 아토피성 피부염에 효과적이다. 피부를 부드럽고 유연하게 만들 때 항박테리아 및 항세균성 때문에 피부 상처 회복, 통증 완화에 효과가 있다. 습진, 두드러기, 건조하고 가려운 질환의 치료에 사용한다.

제라늄(Geranium) 방부, 살충, 항바이러스, 수렴, 탈취 작용이 뛰어나며, 자극이 거의 없어 모든 피부 타입에 적용할 수 있다. 피지 생성을 관리하고 새로운 피부 세포를 생성시키며 염증이 생긴 피부를 부드럽게 만들어준다.

🌱 주니퍼 베리(Juniper Berry) 체내 독소 배출에 가장 효과적인 오일로 셀룰라이트 관리에 사용하면 좋다. 피부염이나 건선, 지성 피부, 여드름을 진정시키며 진물이 나는 습진에 습포를 만들어 사용하기도 한다. 임신 중일 때는 사용하지 않는다.

🌱 진저(Ginger) 얼굴 관리에는 쓰지 않고 소화를 돕거나 혈액순환을 개선하는 데 주로 사용하며 무좀이나 습진, 붓기 제거에도 이용한다. 모발에 영양을 공급하고 탈모를 방지한다.

🌱 클라리세이지(Clarysages) 강력한 진정 효과를 갖고 있으며, 여성의 호르몬 이상으로 생기는 문제 해결에 유용하다. 두통, 편두통, 기침, 천식 등에 도움이 된다. 과도한 피지 생성을 억제해 기름 낀 모발과 비듬 치료에 도움이 된다. 생리 촉진 기능이 있어 임신 중에는 사용을 금한다.

🌱 탠저린(Tangerine) 상큼하면서도 달콤한 시트러스 계열의 오일로 지성, 여드름 피부에 좋으며 튼살에도 효과가 있다.

🌱 티트리(Tea Tree) 항균력이 뛰어난 오일로 호흡기 계통 문제와 피부 발진, 헤르페스, 여드름, 상처, 벌레 물린 곳 등 다양하게 적용할 수 있다. 피부에 원액을 사용할 수 있으나 산모에게는 소량 희석하여 사용한다. 개인별로 알레르기 반응이 있을 수 있어 사용 전 패치 테스트(Patch Test)를 먼저 하는 것이 좋다.

🌱 파인(Pine) 상쾌하고 청량감을 주는 향으로 입덧을 하거나 기분이 좋지 않을 때 소량 발향하여 사용한다. 피부에는 자극이 있을 수 있어 사용하지 않는다.

🌱 파출리(Patchouli) 흙에서 나는 냄새와 유사한 향이 난다. 우울, 불안, 스트레스를 진정시키고 거칠고 자극받은 피부, 발진, 습진, 갈라짐, 상처나 흉터, 염증 등을 완화해준다.

🌱 팔마로사(Palmarosa) 팔마로사 풀의 순수 오일은 세포의 재생에 도움이 되는 것으로 알려져 있다. 건조하고 주름진 피부뿐만 아니라 피부 트러블이나 여드름에도 좋다. 살충 효과와 함께 피부를 부드럽게 만든다.

🌱 페티그레인(Petitgrain) 오렌지나무의 잎에서 추출한 오일로 네롤리와 비슷한 특성을 가지고 있다. 방부, 수렴, 탈취 기능을 가지고 있으며 지성 및 여드름 피부에 사용한다.

🌱 페퍼민트(Peppermint) 기침, 코감기 등 호흡기 계통의 문제와 소화불량, 설사에 사용한다. 호흡기 문제에는 흡입과 발향법으로 소량 사용하고, 소화기 문제에는 식물성 오일에 소량 희석하여 배 마사지에 이용한다. 산모의 경우 피부에는 사용하지 않으며 입덧에 소량 발향 또는 흡입할 수 있다.

🌱 프랭킨센스(Frankincense) 성서에 나오는 유향으로 아프리카가 원산인 감람과 나무의 진액으로부터 채취된 순수한 오일이다. 피부를 진정시키고 세포 생성을 향상시켜 피부 재생 효과가 있으며, 특히 노화된 피부와 주름 관리에 좋다. 천식이나 기관지염 등 호흡기 문제에 발향이나 가슴 마사지용으로 사용한다.

보통 식물 전체에서 추출한 것을 하이드로졸이라고 하고 꽃에서만 추출하는 것을 플로랄 워터라고 한다. 하이드로졸은 에센셜 오일을 수증기 증류법으로 추출할 때 생산되는 부산물로, 소량이지만 식물의 수용성 성분과 지용성 성분인 에센셜 오일이 모두 포함되어 있기 때문에 에센셜 오일과 같은 효과를 갖고 있다. 단독으로 사용할 때는 상처를 닦아내거나 구강청결제로 사용해도 안전하며, 목욕 또는 세안 시에 사용하기도 한다. 이 외에도 화장품이나 비누의 재료로도 많이 이용되고 있으며 린넨 워터나 방향제 등 실생활에 다양하게 쓰인다.

네롤리 하이드로졸(Neroli Hydrozole) 메이크업 리무버나 토너의 재료로 많이 쓰이며, 여드름이나 민감한 피부에 사용한다. 아기에게 사용해도 안전하다.

라벤더 하이드로졸(Lavender Hydrozole) 모든 피부 타입에 사용할 수 있다. 피부를 진정시키고 치유하는 효과가 있다. 상처나 손상된 피부에 사용한다.

로즈 하이드로졸(Rose Hydrozole) 수분을 유지시켜 피부 밸런스를 맞춰주며 모든 피부 타입에 효과적이다. 피지를 조절하고 항균력이 있어 여드름에도 사용할 수 있다. 안티에이징, 안티링클에 가장 대표적으로 사용되고 있으며, 선번(Sunburn)에도 도움을 준다. 로즈 하이드로졸의 향은 로즈 앱솔루트의 효과를 그대로 가지고 있어 스트레스 같은 정신적인 문제나 부드러운 향을 원할 때 주로 사용한다. 단독으로 토너로 사용해도 되고, 로션이나 크림, 팩 등을 만들 때 유용하다.

멜리사 하이드로졸(Melissa Hydrozole) 레몬과 유사한 향으로 예민한 피부를 진정시키고, 항염 작용이 있다.

야로우 하이드로졸(Yarrow Hydrozole) 피부 자극을 감소시키며 항염증 효과가 있다. 손상된 피부나 여드름, 아토피 피부염에 효과적이다. 상처를 닦아내거나 습포로 활용되기도 하고 크림이나 팩, 로션 등을 만들 때도 유용하다.

위치헤이즐 워터(Witch Hazel Hydrozole) 가장 강력한 항산화 효과를 가진 워터이다. 발진이나 가려움, 부종을 완화시키며 항염과 상처 치유 효과가 뛰어나다.

🌿 캐모마일 하이드로졸(Chamomile Hydrozole) 모든 피부 타입에 사용할 수 있으며, 신생아에게 적용해도 안전하다. 기저귀 발진이나 민감한 피부에 주로 사용하고 목욕물에 넣기도 한다. 항염 효과가 있어 모든 트러블 상태에 적용할 수 있고 발진이나 화상, 가려움, 습진 등에 사용한다. 아기 피부를 닦을 때 사용하면 효과적이다.

🌿 티트리 하이드로졸(Tea Tree Hydrozole) 방부, 항균, 항바이러스 효능이 뛰어나며 습진, 무좀, 각종 트러블에 효과적이다. 피부에 상쾌함을 준다.

버터&왁스

🌿 시어 버터(Shea Butter) 콜라겐 생성 세포를 자극하여 얼굴과 전신의 피부를 재생시켜준다. 임산부 튼살 방지 및 완화, 건성 피부, 갈라진 피부 등에도 효과적이다. 어떤 피부에도 자극이나 알레르기가 없으므로 민감성, 건성 및 아토피 피부에 안심하고 사용할 수 있다.

🌿 아몬드 버터(Almond Butter) 시어 버터와 비슷한 효능을 갖고 있다. 피부 침투력이 뛰어나고 보습력이 우수하며 피부 트러블이 적다.

🌿 비정제 비즈 왁스(Bees Wax Natural) 벌이 벌집을 짓기 위해 분비하는 왁스로 천연의 보습 성분이 자극 없이 피부의 수분 함량을 높여준다. 순한 크림이나 로션을 만들 때 주로 사용하고 특유의 달콤한 향 때문에 향초를 만들 때도 많이 쓰인다.

기능성 첨가물

구연산(Citric Acid) 피부와 모발에 사용되는 제품의 산도 조절제, 오렌지 계열의 과일에서 합성 또는 자연적으로 추출되며 화장품 업계에서 가장 많이 사용하는 산으로 방부제로 이용되기도 한다. 비누 만들기에서는 알칼리 성분을 중성에 가깝도록 만들어주는 중화제로 이용된다.

글리세린(Glycerin) 피부 수분 보유력을 높여주는 보습제. 1~7% 희석하여 사용하고 원액을 사용할 경우 오히려 피부를 더 건조하게 할 수 있으니 주의한다.

DF 추출물 DF 추출물은 유기농보다 한 단계 높은 수준의 야생 상태의 식물을 채취하여 추출한 것으로, 로얄네이쳐와 KIST 천연연구소가 공동으로 개발한 항균물질이다. 기존 항균비누에 사용되던 항균물질이 합성인 것과 달리, DF 추출물은 천연이라 유해성 논란에서 자유로우며 항균 효과가 9시간이나 지속된다. DF 식물은 몽골의 척박한 자연 환경에서 생육하고 있으며, 1년에 단 1개월 동안만 사람의 손으로 직접 채취할 수 있어 그 가치가 더욱 높다.

디-판테놀(D-Panthenol) 판테놀은 판토테닉산(비타민B5)의 프로비타민(체내에서 비타민으로 변하는 물질)이다. 피부의 보습 유지 기능을 향상시키고 피부의 재생을 자극한다. 건성 피부는 부드럽고 탄력적으로 변한다. 이것은 염증 및 가려움증 방지에 효과가 있을 뿐 아니라 머리결을 강하고 부드럽게 하며 손상된 머리카락을 복원하고 윤기 있게 만든다.

멘톨(Menthol) 민트의 주성분으로, 치약을 만들 때 첨가하면 구취 제거 효과가 있으며 상쾌한 기분을 느낄 수 있다. 슬리밍 제품에 사용하면 부종은 물론 근육통 완화 효과도 볼 수 있다. 많이 사용하면 피부에 자극을 줄 수 있으므로 소량 사용한다.

모이스틴(Moistin) 백년초에서 추출한 피부 친화적 보습제로, 노화를 방지하고, 주름을 개선시킨다. 탄력을 부여하는 고보습 소재다.

비타민C 콜라겐의 합성을 도와 피부 탄력 증진, 주름 예방, 자외선 차단, 피부 트러블 완화, 멜라닌 생성 억제 작용을 한다.

비타민E 외부 자극으로부터 피부 세포막을 보호하고 보습과 항산화 작용으로 주름을 방지한다. 많이 사용하면 끈적끈적한 느낌이 들기 때문에 레시피 구성 시 1% 정도만 넣는다.

세라마이드(Ceramide) 각질층에 존재하는 피지 성분으로 진피를 구성하고 있는 콜라겐, 엘라스틴, 히아루론산을 보호하는 역할을 한다. 피부 보호막을 형성하여 외부 자극으로부터 피부를 보호하고 수분의 증발을 막아준다.

🌱 실크 아미노산(Silk Amino Acid) 실크 같은 감촉을 부여하고 탄력을 증강시킨다. 탈모를 방지하고 보습 작용을 한다.

🌱 알란토인(Allantoin) 진정 작용이 뛰어나며 새로운 조직의 생장을 촉진시키기 때문에 손상된 피부에 적용하면 아주 좋다. 특히 여드름이나 민감성 피부에 효과가 있으며, 튼살을 방지하고 피부 유연성을 높여준다. 헤어 제품에 사용하면 컨디셔닝 효과를 기대할 수 있다.

🌱 알로에 베라 젤(Aloe Vera Gel) 고대 이집트인들이 피부의 상처, 화상, 염증 치료에 사용했을 만큼 사용 역사가 깊다. 항균, 항진균 효과가 있어서 상처 치유에 도움을 주고, 상처나 건선, 생식기 단순포진과 같은 질환에도 효과적이다.

🌱 알부틴(Arbutin) 주근깨와 기미의 원인이 되는 멜라닌 색소를 만들어내는 효소에 작용하여 멜라닌 색소의 증가를 억제한다. 비타민C와 함께 사용하면 효과가 증대된다.

🌱 엘라스틴(Elastin) 피부의 결합 조직에 존재하는 섬유 상태의 천연고분자 단백질로 콜라겐을 용수철처럼 지탱하여 피부의 탄력을 유지하는 데 핵심적인 역할을 한다.

🌱 EGF(Easyef) 표피 조직의 재생을 촉진하는 성분으로, 활성산소를 제거하고 피부 세포를 재생시켜 피부에 탄력을 준다. 노화 방지, 잔주름 제거, 피부 탄력 증대 등의 효과를 기대할 수 있다.

🌱 올리브 리퀴드(Olive Liquid) 올리브 오일에서 추출해서 만들어진 가용화제로 보습력이 있다. 가용화제는 용매에 대한 용해도가 낮은 물질을 용해시키는 물질이다. 오일의 양과 1~5배 정도로 사용한다. 많이 사용하면 끈적이는 느낌이 있다.

🌱 올리브 유화왁스(Olive Wax) 올리브 오일 지방산을 에스테르화시켜 만든 유화제로 에멀시파잉 왁스보다 자극이 적어 아기에게 더 안전하다. 사용할 때 흡수성이나 퍼짐성이 우수하고 보습 효과가 뛰어나 많이 쓰인다.

🌱 케라틴(Keratin) 피부각질층의 빠른 회복을 도와 건강한 피부로 만들고 모발을 튼튼하고 탄력 있게 유지시켜준다.

🌱 코엔자임 Q10 세포 내에서 활성산소를 제거하여 세포의 노화를 방지하고 피부 탄력을 증가시킨다. 멜라닌 색소의 생성을 억제하여 미백 효과도 기대할 수 있다.

🌱 콜라겐(Collagen) 항상성 작용으로 피부의 노화 및 주름을 방지하며, 보습력이 좋아 촉촉하고 윤기 있는 피부를 유지해준다. 피부 조직을 회복시켜 탄탄하고 젊은 피부로 가꿔준다.

🌱 탄산수소나트륨(Sodium Hydrogen Carbonate) 피부에 적용할 때는 주로 입욕제인 바스봄의 재료로

이용된다. 세안 시 소량을 물에 풀어 사용하면 블랙헤드를 효과적으로 제거할 수 있다. 산도(pH) 조절제 기능을 하며, 가정에서는 청소나 세탁, 탈취 목적으로 사용된다.

- 화이텐스(Whitense) 상황버섯, 노란 만병초, 프로폴리스 추출물을 혼합하여 미백 효과를 극대화한 생약 복합물이다. 기미, 노화에 의한 검버섯, 임신성 반점, 각종 색소침착에 사용한다.

- 히아루론산(Hyrolonic acid) 천연보습인자로 피부 속의 수분 유지력을 높여주는 동시에 피부의 수분 보유력을 높인다.

천연재료

- 그린 클레이(Green Clay) 피지 제거에 탁월한 효과를 가졌으며 피지 증가로 인한 트러블 케어에 쓰인다.

- 레드 클레이(Red Clay) 트러블을 진정시키는 효과가 있으며 주로 지성 피부에 사용한다.

- 옐로우 클레이(Yellow Clay) 노화되거나 활력이 없어 보이는 피부에 사용하면 효과를 볼 수 있다.

- 핑크 클레이(Pink Clay) 피부를 맑고 건강하게 만들며 모든 피부에 사용할 수 있다.

- 화이트 클레이(White Clay) 민감한 피부를 진정시켜준다. 비누나 입욕제에 많이 사용되는데, 피부 흡착력이 뛰어나 팩의 재료로도 좋다.

- 꿀 항염과 진정 작용이 뛰어나고, 다량의 비타민과 프로테인 미네랄이 함유되어 있어 항산화 및 상처 치유 작용을 한다. 보습과 탄력 강화 효과가 있어 팩, 비누 재료로 사용된다. 꽃이나 식물에 알레르기가 있는 사람은 주의한다.

- 녹차 토닉 효과로 모공을 수축시키고, 피부를 맑고 촉촉하게 만든다.

- 다시마 칼슘, 칼륨 등 각종 미네랄이 함유되어 있어 신진대사를 활발하게 해준다. 피부에 윤기를 더해주며 머리카락을 튼튼하게 하고 몸의 저항력을 높여준다.

- 사해소금 혈액순환을 도와 독소 배출을 촉진하며 피부를 윤기 있고 건강하게 만든다.

- 산양유 수분이 부족하고 건조한 피부에 좋은 재료로, 입욕제나 팩의 농도를 맞출 때 사용한다. 민감성 또는 알레르기성 피부에도 좋다.

아몬드(Almond) 영양 성분이 많은 견과류로, 곱게 갈아 스크럽이나 비누 재료로 사용한다.

엡솜 솔트(Epsom Salt) 일반 소금보다 미네랄과 마그네슘 함유량이 높다. 아토피성 피부염이나 건선, 습진, 신경통, 관절염이 있을 때 바스솔트로 만들어 주 2회 정도 꾸준히 하면 효과적이다. 체내에 있는 독소를 배출한다.

오이즙 오이에 포함된 무기질, 칼륨이 체내에 들어가서 나트륨염을 많이 배설시켜 노폐물 제거에 탁월한 효과를 보인다. 오이 한 개에는 10mg 정도의 비타민C가 들어 있는데, 이는 신진대사를 원활히 하며, 피부와 점막을 튼튼하게 하고, 미백과 감기 예방 효과도 크다. 또한 열을 가라앉히고 염증을 진정시켜 주는 역할도 한다.

오트밀(Oatmeal) 비타민과 미네랄이 함유되어 있으며, 피부에 자극이 없고 영양 성분이 풍부하다. 민감성 피부에 사용한다.

유기농 흑설탕 각질을 효과적으로 제거하여 피부에 영양을 공급하고 윤기를 더해준다. 건조한 피부에 사용한다.

율피 각질을 제거하고 수렴 효과가 있어 모공 수축에도 좋다.

해초 미네랄과 단백질을 풍부하게 함유하고 있으며 피부에 영양을 공급해준다.

허브

라벤더(Lavender) 심신을 안정시키고 피로회복에 도움을 준다. 피부를 청결하게 해주는 효과도 있지만 임신 초기에는 많이 마시지 않는 것이 좋다.

로즈(Rose) 비타민C, A, B, E, K, P, 니코틴산, 유기산, 타닌 등이 골고루 함유되어 있어 피부의 염증을 완화시키며, 건조한 피부를 촉촉하게 만들어준다. 아름다운 향이 임산부의 기분을 편안하게 해주고 민감한 피부에도 사용할 수 있다.

로즈마리(Rosemary) 차로 마시면 혈액순환을 원활하게 해주며, 모공을 수축해주므로 지성 피부에 효과적이다. 임산부는 많이 마시지 않는 것이 좋다.

로즈힙(Rose Hip) 노화되거나 손상된 피부에 좋으며, 주름에 특효가 있다. 비타민C가 풍부하게 함유되어 있어 임산부에게 좋다.

🌿 **카렌듈라(Calendula)** 민감한 피부를 진정시키고 트러블을 완화시킨다. 상처의 재생을 도와주기 때문에 스킨이나 비누, 입욕제 재료로 좋다.

🌿 **캐모마일(Chamomile)** 두통이나 피로가 쌓였을 때 차로 마시면 좋다. 감기 기운이 있을 때는 페퍼민트와 섞어 마시면 효과가 있다. 건성이나 민감한 피부, 가렵거나 여드름이 있는 피부에도 좋으며 임신 중일 때는 많이 마시지 않는 것이 좋다.

🌿 **페퍼민트(Peppermint)** 헛구역질을 멎게 하는 허브로, 복용하는 것보다는 입욕제나 비누에 넣어 사용하는 것을 추천한다. 에센셜 오일의 향이 너무 강하면 페퍼민트 허브로 은은한 방향제를 만들어도 좋다. 임신 초기에는 티로 음용하지 않는 것이 좋다.

🌿 **펜넬(Fennel)** 소화와 소변 배출을 도와주며 수유 시 젖이 잘 나오게 한다. 단, 임신 중에 차로 마시는 것은 금지한다.

한방 분말

🌿 **백강잠** 탁월한 고보습 미백제로 염증을 가라앉히는 데 효과가 있으며 피부에 윤기를 더해주고 뾰루지를 진정시키는 데도 도움을 준다.

🌿 **백봉령** 보습 및 미백 효과가 탁월해 여드름, 기미, 주근깨 등에 좋다. 다당류, 유기산, 단백질, 비타민D, 레시틴, 아데닌, 콜린, 무기질 등이 많이 함유되어 있어 피부를 맑고 윤기 있게 만들어준다.

🌿 **살구씨** 비타민과 미네랄이 풍부하여 피부를 부드럽게 가꿔주고, 거칠고 건조한 피부에 보습과 영양을 공급해준다. 각질 제거 및 미백 작용도 탁월하다.

🌿 **삼백초** 칼리움염이 함유되어 있어 피부를 부드럽게 해주며, 루틴, 아미노산 당류 등도 풍부해 모세혈관을 튼튼하게 만든다. 항균과 피부 재생 효과가 있어 여드름 치료, 피부 재생, 붉어진 피부 등에 효과적이다.

🌿 **어성초** 지성이나 여드름 피부에 특히 좋으며, 피부에 부드럽게 작용하여 영양을 충분히 공급하고 각질 및 피지 제거에도 효과적이다. 피부 트러블을 예방해 아토피에도 사용한다.

🌿 **인삼** 노화된 피부의 탄력을 증강시키며 특히 주름 개선에 좋은 재료다.

식물 추출물

🌿 **감초 추출물** 비타민A, B, C 등이 풍부하며 포도당과 과당 성분이 함유되어 있어 피부를 촉촉하고 매끄럽게 가꿔준다. 여드름, 피부염, 습진, 땀띠 등에 효과가 있으며 미백과 피부 진정 효과도 가지고 있다.

🌿 **녹차 추출물** 피부의 세포와 점막에 활력을 부여하고 면역력을 증강시킨다. 자외선과 유해 환경으로 인한 노화를 예방하고, 여드름균 및 각종 미생물에 대한 항균 효과가 뛰어나다.

🌿 **마치현 추출물** 피부 알레르기 반응이나 자극 반응을 완화시키고 건조한 피부에 수분을 공급한다. 노화된 피부를 회복시키는 데도 도움이 된다. 항염 효과가 뛰어나고 항균, 항진균 효과도 있다.

🌿 **병풀 추출물** 피부 재생 효과가 매우 탁월하며 잔주름 방지에도 좋다. 상처 치유, 혈액순환 촉진 효과도 기대할 수 있다.

🌿 **상백피 추출물** 미백과 보습의 이중 기능을 가진 원료로, 트러블이 거의 없어 모든 피부 타입에 두루 사용할 수 있다.

🌿 **에스피노질리아** 멕시코에서 자생하는 허브로, 탈모 방지 및 발모 촉진, 홍반, 지루성 두피 증세 해소에 효과가 뛰어나다. 윤기 있는 모발과 건강한 두피를 유지하는 데 도움을 주어 탈모방지 제품에 많이 이용된다.

🌿 **인삼 추출물** 피부에 영양을 공급하고 스트레스를 해소해 피부 재활을 돕는다. 주름 및 노화 방지 물질로 사용되기도 한다. 플라보노이드 및 사포닌 성분이 약화된 모세혈관을 강화시켜 피부를 맑고 하얗게 해주며, 각종 비타민과 무기질이 풍부해 기미나 주근깨를 완화해준다.

🌿 **헤나 추출물** 헤어 트리트먼트의 효능으로서는 모발 코팅, 두피 건강, 비듬 컨트롤 및 모발 성장을 촉진하는 천연 염료로, 모발 손상을 방지하고 탈모에 도움을 준다. 샴푸바에 수분계의 30% 미만이나 트리트먼트, 리퀴드 샴푸 등에 첨가하여 사용하면 두피 건강에 좋다.

 ## 임신 중에 사용하면 좋은 천연 재료들

종류	재료
허브	로즈, 카렌듈라, 페퍼민트
천연재료	화이트 클레이, 그린 클레이, 아몬드, 율피, 해초, 꿀, 사해소금, 녹차, 다시마 분말
한방 분말	살구씨, 삼백초, 백강잠, 백봉령
에센셜 오일 (페이스 0.5%, 보디 1.5% 사용)	만다린, 네롤리, 오렌지, 티트리, 유칼립투스, 페티그레인, 레몬, 파출리, 파인, 그레이프 프루프, 로즈 우드, 샌달 우드, 라벤더, 로만 캐모마일, 로즈, 프랭킨센스, 사이프러스, 제라늄, 일랑일랑, 페퍼민트 (*주황색은 4개월 이후 사용)
베이스 오일	스위트 아몬드 오일, 살구씨 오일, 카렌듈라 인퓨즈드 오일, 타마누 오일, 로즈힙 시드 오일, 아르간 오일, 아보카도 오일, 대마씨 오일, 호호바 오일
버터&왁스	시어 버터, 비정제 비즈 왁스
기능성 첨가물 (2% 이하 사용)	알부틴, 화이텐스, 알란토인, EGF, 콜라겐, 엘라스틴, 코엔자임 Q10, 히아루론산, 세라마이드, 비타민C, 비타민E
식물 추출물	상백피 추출물, 녹차 추출물, 병풀 추출물, 마치현 추출물, 에스피노질리아

 ## 출산 직후 여성에게 좋은 천연 재료들

종류	재료
허브	로즈힙, 펜넬, 캐모마일, 라벤더, 로즈마리
천연재료	화이트 클레이, 그린 클레이, 핑크 클레이, 옐로우 클레이, 레드 클레이, 해초, 유기농 흑설탕, 사해소금, 엡솜 솔트, 오트밀, 산양유, 다시마 분말
한방 분말	인삼, 삼백초, 백강잠, 백봉령, 어성초
에센셜 오일 (페이스 0.5%, 보디 1.5% 사용)	클라리세이지, 로즈, 라벤더, 로만 캐모마일, 네롤리, 프랭킨센스, 제라늄, 사이프러스, 주니퍼 베리, 레몬, 그레이프 프루트, 재스민, 샌들우느, 로즈마리
베이스 오일	아르간 오일, 대마씨 오일, 포도씨 오일, 카렌듈라 인퓨즈드 오일, 타마누 오일, 달맞이꽃 종자 오일, 로즈힙 시드 오일, 아보카도 오일, 카멜리아 오일, 올리브 오일, 호호바 오일
버터&왁스	시어 버터, 비정제 비즈 왁스
기능성 첨가물 (2% 이하 사용)	알부틴, 화이텐스, 알란토인, EGF, 콜라겐, 엘라스틴, 코엔자임 Q10, 히아루론산, 세라마이드, 비타민E, 비타민C
식물 추출물	상백피 추출물, 녹차 추출물, 병풀 추출물, 인삼 추출물, 감초 추출물, 마치현 추출물, 에스피노질리

임신 중에 절대 사용하면 안 되는 천연재료

에센셜 오일

여성 호르몬에 영향을 주거나 생리 촉진 기능이 있는 에센셜 오일들은 사용을 삼가는 것이 좋다. 자신과 아이의 건강을 위해 사용에 주의하자.

기능성 첨가물

레티놀 태아의 발육을 촉진시키고 감염에 대한 저항력을 높여주는 비타민A가 다량 함유되어 있다. 하지만 지나치게 많이 복용하면 태아의 기형을 유발할 수 있기 때문에, 레티놀 화장품도 과다 사용을 피해야 한다.

천연재료

녹두 먹으면 몸을 차게 하고 소염 작용이 강해 임산부에게 좋지 않다. 거담 작용으로 태아에게 필요한 지방질을 없애는 작용을 하므로 태아 성장에 방해가 된다.

생강 생강은 열이 많은 식품으로, 습진이나 두드러기를 유발할 수 있어 태아에게 좋지 않은 영향을 미친다.

알로에 성질이 차가우며 한방에서는 기를 아래로 끌어내리는 기운이 강하다고 여겨 임신 중에 먹는 것은 금한다. 그러나 피부를 진정시키고 보습 기능이 탁월해 임신 중이라도 피부에 사용하는 것은 큰 위험이 없다.

율무 부종이나 비만 치료에 효과가 있지만 태아에게 필요한 수분과 지방질까지 제거하기 때문에는 임신 중에는 금한다. 또 변비가 심하거나 소변을 자주 보는 사람에게도 좋지 않다.

팥 몸의 진액을 운행하고 기를 통하게 하나 혈액을 흩어지게 하는 작용이 있다. 임신 중의 호르몬 분비를 왕성하게 하여 기형아 출산의 위험이 있다.

🌿 **로즈마리** 차로 마시면 혈액순환을 원활하게 해주지만 임산부에게는 좋지 않다. 피부에는 모공을 수축해주는 효과가 있으므로 출산 후 지친 피부를 달래는 데 활용한다.

🌿 **펜넬** 소화를 돕지만 이뇨 작용이 강해서 임산부에게는 좋지 않다. 모유 수유를 할 때 젖이 잘 나오게 하는 효능이 있으므로 출산 뒤에 사용하도록 한다.

한방 분말

대부분의 한방 분말은 임신 기간 중에 사용해도 무리가 없다. 하지만 다음 도표에 포함되어 있는 목록은 임신 중 복용을 금지하는 것으로, 피부에도 사용하지 않는 것이 좋다.

 임신 중에 사용하면 안 되는 천연재료들

종류	재료
허브	펜넬, 로즈마리
천연재료	율무, 알로에, 팥, 녹두, 생강
한방 분말	반묘, 수은, 망충, 경분, 웅황, 대극, 감수, 견우자, 아출, 건칠, 사향, 홍화, 도인, 우슬, 대황, 망초, 지실, 오두, 부자, 반하, 천남성, 동규자, 활혈기어, 헹기, 피체, 대열, 대한, 활리
에센셜 오일	너트멕, 스위트 마조람, 미르, 바질, 시더우드, 애니시드, 야로우, 타임, 주니퍼 베리, 히숍, 시나몬 리프, 스위트 펜넬, 블랙페퍼, 재스민
기능성 첨가물	레티놀

비누와 화장품 만들기의 기초

스테인리스 비커
오일을 가열하여 가성소다와 반응시킬 때 사용한다.

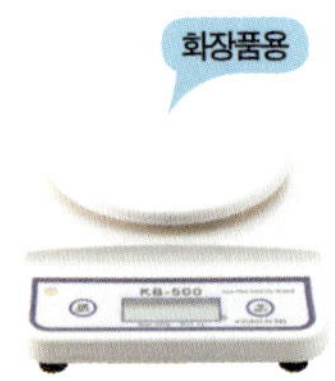

전자저울
오일과 가성소다, 증류수 등을 계량할 때 사용한다.
(단위: 화장품- 0.1g/1kg, 비누-1g/2kg)

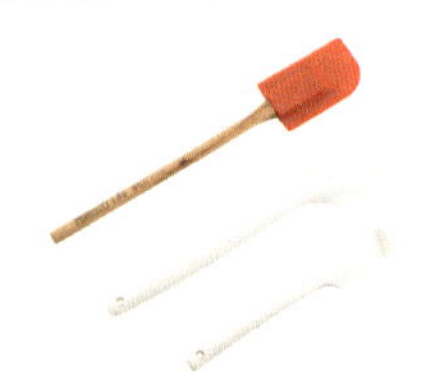

깔끔주걱
비누액을 젓거나 비누틀에 부을 때 사용한다.

온도계
비누화에 적합한 온도를 측정할 때 사용한다.

가열기구
오일을 가열하거나 비누를 중탕할 때 사용한다.

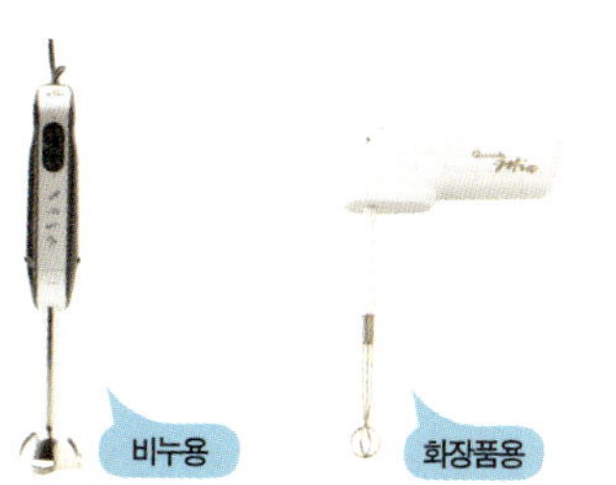

핸드 블렌더

오일과 가성소다를 반응시켜 비누액을 만들 때 사용한다. 트레이스 상태를
쉽게 만들 수 있다.

pH페이퍼

비누의 산도를 측정할 때 사용한다.

비누틀

비누액을 부어 비누의 모양을 만들 때 사용한다.

보호 장비

방진마스크, 비닐장갑 등 알칼리가 강한 비누
액과 가성소다를 취급할 때 사용한다.

약수저

에탄올 스프레이

스패츌러

유리 비커

♥ 천연비누 만들기의 기본 원리와 테크닉

TYPE 1. MP비누 만들기

가장 쉽고 단순한 비누 만들기 기법으로, 초보자도 어렵지 않게 시도할 수 있다. 가성소다를 사용하지 않고 비누 베이스에 자신이 원하는 향기와 컬러를 첨가하기만 하면 되므로 만드는 시간도 짧은 편이다. 또한 숙성 기간을 거치지 않고 바로 사용할 수 있기 때문에 비누 만들기의 재미를 맛보기에 그만이다.

　　제조 과정에서 글리세린과 비타민E, 에센셜 오일 등을 소량 첨가하면 보습력이 강화된 비누를 만들 수 있다. 일반적으로 1kg의 비누를 만들 경우, 글리세린은 10ml, 비타민E는 5ml, 에센셜 오일은 10ml를 넣으면 된다.

만드는 방법

❶ 사용할 도구를 에탄올로 소독한다.

❷ 비누 베이스를 녹이기 편하도록 적당한 크기로 자른다. 조각이 작을수록 더 빨리 녹기 때문에 시간을 절약할 수 있다.

❸ 전자저울로 계량한 다음 중탕기에 넣고 가열해 완전히 녹인다. 이때 온도는 75℃가 넘지 않도록 한다. 비누액의 온도가 너무 높으면 첨가물의 색과 향이 변질될 수 있고 거품이 많이 생기므로 주의한다. 전자레인지를 이용할 경우 비누 베이스가 녹을 때까지 20~30초 단위로 녹이면 된다.

❹ 비누 베이스가 완전히 녹으면 천천히 저어서 식힌다.

❺ 피부 타입별 첨가물을 유리 비커에 넣고 잘 섞는다.

❻ 5를 4에 넣고 잘 섞는다. 비누액이 어느 정도 식었을 때 첨가해야 향을 잘 보존할 수 있다.

❼ 에센셜 오일을 넣는다.

❽ 비누틀에 조심스레 부어준다.

❾ 비누 위에 알코올 스프레이를 가볍게 뿌려 기포를 제거하고 비누가 완전히 굳으면 틀에서 꺼내 사용
한다. 비누가 틀에서 잘 빠지지 않을 때는 냉동실에 30분 정도 보관했다 꺼내면 쉽게 꺼낼 수 있다.

TYPE 2. CP비누 만들기

가장 기본적인 비누 만들기 방법으로, 오일의 성분비와 원하는 첨가물을 비교적
자유롭게 구성하고 첨가할 수 있어 세상에 하나밖에 없는 나만의 맞춤 비누를 만
들 수 있다. CP비누는 열을 가하지 않고 상온에서 비누화시킨 비누액을 틀에 부어
24시간 보온한 뒤 4~6주간의 숙성 과정을 거친 뒤 사용한다.

비누를 만들 때 가성소다와 베이스 오일을 반응시키려면 가성소다를 수용액 상태로 만들어야 한다. 가성소다를 증류수에 희석시킬 때 물의 양은 사용하는 총 오일의 양에 따라 달라지는데, 이때 사용하는 물의 양은 비누의 단단함에도 영향을 준다. 물의 양은 보통 총 오일 양의 30~40%가 적당하며, 정확한 계산법을 알아 두어야 실수하지 않는다.

<물의 양 계산하기>

예) 총 사용 오일 양이 100ml일 때 필요한 물의 양

100×(0.3~0.4)=30~40ml

보통 총 오일 양의 33%로 계산한다.

100×0.33=33ml

가성소다(NaOH)는 오일과 반응하여 비누를 만들어낸다. 오일마다 비누가 되는 데 필요한 가성소다의 양이 있는데, 이를 '비누화값'이라고 한다. 비누를 만들 때 필요한 가성소다의 양은 오일의 양과 해당 오일의 비누화값을 곱하면 쉽게 구할 수 있다.

<가성소다의 양 계산하기>

팜 오일 100ml, 코코넛 오일 100ml를 넣어서 비누를 만들 때 필요한 가성소다의 양

팜 오일 100ml×팜 오일의 비누화값 0.141

코코넛 오일 100ml×코코넛 오일의 비누화값 0.190

따라서 비누를 만드는 데 필요한 가성소다의 양은 14.1+19.0=33.1g

투명비누, 저온법 비누, 폼 클렌저를 만들 때는 가성소다(NaOH)의 비누화값을 계산해야 하는 한편, 물비누나 폼 클렌저를 만들 때는 가성가리(KOH)의 비누화값을 계산해야 한다. 가성소다와 가성가리 양에 대한 계산법이 어떻게 다른지 확인해 두는 것이 좋다.

<가성소다와 가성가리 계산법>
예 1) 올리브 오일 100ml를 비누화시키는 데 필요한 가성소다의 양
100ml×0.134=13.4g
예 2) 올리브 오일 100ml를 비누화시키는 데 필요한 가성가리의 양
100ml×0.1876=18.76g

가성소다의 양을 계산할 때 디스카운트(Discount)와 슈퍼팻(Superfat) 기법을 활용하면 남다른 비누를 만들 수 있다. 디스카운트란 오일과 반응시킬 가성소다를 계산보다 적게 넣는 방법이다. 가성소다의 양이 적으면 비누화되지 않은 과잉 오일이 보습 성분으로 비누 속에 남아 순한 비누가 만들어진다. 슈퍼팻은 보다 부드러운 비누를 만들기 위한 기법으로, 일정량의 오일을 추가하여 가성소다와 반응시키지 않고 비누 속에 남기는 방법이다. 추가 오일은 비누 만들기의 트레이스(Trace) 단계에서 첨가하면 된다. 가성소다나 열에 의해 쉽게 성질이 변하는 오일, 비누화 과정을 거치지 않고 비누에 그대로 남기고 싶은 오일이나 값비싼 오일은 슈퍼팻을 하는 것이 좋다.

그러나 디스카운트나 슈퍼팻을 많이 하면 오일이 산패되어 비누의 유효 기간이 짧아지므로 약 5~10%선에서 하는 것이 가장 좋다. 또 이때는 반드시 비타민E 같은 천연 보존제를 첨가해야 한다.

❶ 가성소다와 증류수를 계량한 다음 가성소다를 증류수에 넣고 가성소다 용액을 만든다. 반드시 스테인리스 용기를 사용하고 고무장갑, 마스크 등을 착용하여 몸에 튀지 않도록 조심한다. 가성소다가 피부에 닿으면 흐르는 물에 재빨리 씻어내고 식초로 닿은 부위를 중화시킨다. 특히 가성소다 용액에서 발생하는 수증기를 호흡하지 않도록 주의한다.

❷ 베이스 오일을 계량한다. 섞은 베이스 오일이 약 45〜55℃가 될 때까지 서서히 가열한다.

❸ 가성소다 용액을 가열해 베이스 오일과 같은 온도로 맞춘 뒤 오일 비커에 가성소다 용액을 천천히 부으면서 저어준다.

❹ 깔끔주걱과 핸드 블렌더를 번갈아 사용해 비누액을 걸쭉하게 만든다. 블렌더는 약 10초 정도 사용한다.

❺ 트레이스 상태가 되면 첨가물을 넣고 깔끔주걱으로 잘 섞이게 저어준다.

❻ 비누틀에 비누액을 부은 다음 뚜껑을 덮어 공기와 비누가 접하지 않도록 한다.

❼ 타월로 감싸 보온해 비누화를 진행시킨다. 1〜3일이 지나면 비누틀에서 비누를 꺼낸 뒤 칼을 이용하여 원하는 크기로 자른다. 서늘하고 환기가 잘 되는 곳에 4〜6주간 놓고 건조, 숙성시킨다.

❽ 4〜6주 정도 지나 pH 테스트를 한 후 8〜9 정도가 나오면 사용한다.

트레이스(Trace) 상태란?

오일과 가성소다를 혼합한 비누액을 저어주면 점차 미음이나 크림수프 같은 상태가 되는데, 이를 트레이스 상태라고 한다. 핸드 블렌더나 주걱을 비누액 표면에 살짝 대봤을 때 그 흔적이 남는 상태다. 핸드 블렌더로 비누액을 저으면 약 5분 안에 트레이스 상태가 되며, 주걱으로 저을 때는 1시간 이상 소요된다.

pH 페이퍼를 이용한 산도 측정법

비누가 완성되면 피부에 사용하기에 적합한지 pH 테스트를 해야 한다. 시중에 나와 있는 pH페이퍼를 이용하면 간단하게 측정할 수 있다. pH페이퍼의 수치가 1~6이면 산성이고, 수치가 높으면 염기성이다. 정상적인 비누의 pH 수치는 7~9 정도가 적당하다. 숙성된 비누에 물을 살짝 묻혀 가벼운 거품을 내고, pH페이퍼를 조금 잘라 거품을 낸 곳에 대본다.

TYPE 3. HP비누 만들기

열을 가해서 비누화를 진행시키는 비누 만들기의 한 방법이다. 트레이스 상태까지는 CP비누와 비슷한 방법으로 만들다가 이후 과정에서 열을 가한다. 투명비누나 물비누를 만들 때 주로 사용되는 기법이다.

<재료의 양 계산하기>

1. 오일의 중량을 결정한다.

   코코넛 오일 300g, 피마자 오일 200g

2. 가성가리의 양을 산출한다.

   코코넛 오일 300×0.266＝79.8g

   피마자 오일 200×0.180＝36.0g

   가성가리 총량＝115.8g

   약 116g으로 계산되었다.

3. 가성가리에 대한 증류수의 양을 산출한다.

   희석용 증류수는 가성가리 총량과 같게 한다.

   가성가리 희석용 증류수의 양 역시 116g이 된다.

4. 설탕의 양을 결정한다.

   설탕의 양은 보통 오일 총량의 6~9%를 넣으면 된다. 여기서는 9%를 기준으로 한다.

   따라서 설탕의 양은 500×0.09＝45g이 된다.

5. 설탕 희석용 증류수의 양을 계산한다.

   설탕 양의 6~10배로 한다. 여기서는 6배를 사용하도록 한다.

   따라서 설탕 희석용 증류수의 양은 45×6＝270g이 된다.

6. 물비누 희석용 증류수의 양을 결정한다.

물비누의 묽기는 개인의 기호에 따라 다르기 때문에 각자의 기호에 맞게 희석하면 된다. 여기서는 총량의 50% 정도의 로즈 워터로 희석하도록 한다. 더 진한 물비누를 원한다면 로즈워터나 증류수를 보다 적게 넣으면 되고, 더 묽은 비누를 원한다면 증류수를 더 넣으면 된다.

만드는 방법

❶ 가성가리와 증류수를 계량한 다음 가성가리를 증류수에 넣고 가성가리 용액을 만든다.

❷ 끓는 증류수에 설탕을 녹여 설탕 용액을 만든 후 랩핑해둔다.

❸ 베이스 오일을 계량하고 나서 가열기구에 올려 65℃까지 가열한다.

❹ 가성가리 용액을 베이스 오일과 같은 온도로 맞춘 후 오일 비커에 가성가리 용액을 붓는다.

❺ 핸드 블렌더를 사용해 과트레이스 상태를 만든다. 저어주면서 블렌더를 사용하면 비누액이 바셀린 상태가 되는데 이때 설탕 용액을 넣어준다. 어느 정도 과트레이스가 지나면 풀어지면서 부풀어 오르는데 이때 블렌더 사용을 중지하고 저어준다. 저어주면 부풀어 오르는 것이 가라앉는다. 빨리 저어주지 않으면 넘치니 주의한다.

❻ 설탕 용액이 비누액에 다 스며들도록 블렌더로 천천히 돌려준다.

❼ 비누액이 설탕 용액을 다 먹으면 깔끔주걱으로 비누액을 걷어낸다.

❽ 지퍼팩에 넣어 밀봉하며 2~3주 후 비누액을 증류수와 1:1 비율로 넣고 희석하여 사용한다.

❾ pH 테스트를 한 다음 8~9 정도가 나오면 사용하며 산도가 10이 넘으면 중화제를 넣어서 중화시킨다. 이때 원하는 에센셜 오일이나 보존제, 색소 등 첨가물을 넣는다.

TYPE 4. 리배칭 비누 만들기

이미 만들어놓은 비누를 재가공하는 방법이다. 비누를 잘게 잘라 중탕으로 녹인 후 원하는 모양으로 다시 만들면 되는데, 비누에 원하는 향과 색소를 첨가할 수 있으며, 제조과정에 실패한 비누를 재활용할 수도 있어 유용하다. 무엇보다 가성소다를 다루지 않아도 되므로 간편하고 안전해 초보자도 쉽게 따라할 수 있다.

만드는 방법

❶ 자투리 비누를 강판에 곱게 갈아서 비닐 봉투에 넣는다.

❷ 1에 증류수를 넣은 다음 밀봉한다. 증류수의 양은 비누 중량의 20%가 적당하다.

❸ 2를 중탕기에 넣고 30〜40분간 중탕한다.

❹ 중탕이 다 되면 준비한 첨가물을 넣고 섞어준다.

❺ 비누틀에 넣어 굳힌다. 액상 타입이 아닌 덩어리이기 때문에 공기가 들어가지 않도록 잘 눌러 담는다.

　손으로 모양을 잡을 때도 손에 힘을 주어 단단하게 만들어야 한다.

❻ 1〜2일 지나면 빼서 쓴다. 숙성이 끝나지 않은 것은 리배칭을 하더라도 숙성 기간을 넘긴 후 사용한다.

리배칭 비누 만들기에 대한 어드바이스

1. 피부 타입에 맞는 오일을 선택해서 첨가하면 좋다.

2. 에센셜 오일은 비누 1kg당 10ml 정도, 물은 비누 500g당 30〜60ml면 된다.

3. 물보다 우유, 알로에 베라 젤이나 플로랄 워터를 사용하면 좋다.

4. 식품이나 과일 등 다양한 첨가물을 넣어 자신만의 비누를 만들 수 있다.

5. 과일과 채소류같이 저온법 비누에 적용하기 어려운 첨가물로 피부에 영양을 준다.

♥ 천연화장품 만들기의 기본 원리와 테크닉

TYPE 1. 스킨(토너)

피부의 상태에 맞는 에센셜 오일과 플로랄 워터를 기본으로 하여 만드는 스킨은 보습과 모공 축소, 클렌징 등의 목적에 따라 레시피를 구성할 수 있다. 스킨을 만들기 위해서는 물과 오일이 잘 섞이도록 하는 가용화제가 필수적이다.

만드는 방법

❶ 사용할 도구와 용기를 소독한다.

❷ 유리 비커에 에센셜 오일과 가용화제(올리브 리퀴드)를 넣고 잘 섞어준다.

❸ 2에 증류수(플로랄 워터)를 넣고 저어준다.

❹ 첨가물을 넣고 잘 섞은 다음 소독한 용기에 담는다.

TYPE 2. **로션 & 크림**

로션과 크림은 만드는 방법은 같으나 재료의 비율에 차이가 있다. 각각의 재료가
어떤 특성을 갖고 있는지 이해하고 있으면 쉽게 만들 수 있다. 물과 오일, 유화제를
기본 재료로 하여 다양한 기능성 첨가물로 로션과 크림에 특별함을 담을 수 있다.

만드는 방법

❶ 유리 비커에 베이스 오일과 유화제를 계량하여 넣는다. (→이것을 유상층이라 한다.)

❷ 다른 유리 비커에 증류수(플로랄 워터)를 계량하여 넣는다. (→이것을 수상층이라 한다.)

❸ 유상층과 수상층을 각각 가열하여 온도를 70℃로 맞춘다.

❹ 수상층을 유상층에 붓는다.

❺ 깔끔주걱과 핸드 블렌더로 잘 저어준다.

❻ 걸쭉하게 되면 기능성 첨가물과 에센셜 오일을 넣고 잘 섞는다.

TYPE 3. 에센스

집중 스킨케어 제품인 에센스는 고기능성이기 때문에 기능성 첨가물을 넣어주어야 한다. 하지만 임산부의 피부는 보통의 피부와 다르므로 기능성 첨가물의 비율을 낮춰 태아에게 영향을 미치지 않도록 한다. 나아가 출산 후에도 아기와 함께 생활하게 되므로 자극성이 없도록 유의한다.

만드는 방법

❶ 사용할 도구와 용기를 소독한다.

❷ 유리 비커에 알로에 베라 젤을 계량하여 넣는다.

❸ 에센셜 오일을 넣고 잘 저어준다.

❹ 플로랄 워터와 첨가물을 넣고 핸드 블렌더로 잘 섞는다.

❺ 소독한 용기에 담고 라벨을 붙인다.

TYPE 4。 밤(balm)

립밤이나 바디 밤, 아이 밤 같은 제품은 수분 없이 오일과 왁스만으로 만든다. 식물의 영양 성분을 가득 담고 있는 제품으로, 피부의 수분 손실을 예방하고 부드럽고 윤기 있는 피부를 만든다.

만드는 방법

❶ 사용할 도구와 용기를 소독한다.

❷ 유리 비커에 베이스 오일과 버터, 왁스를 계량하여 넣는다.

❸ 전자저울에 올려 가열하면서 녹인다.

❹ 약간 식힌 후 첨가물과 에센셜 오일을 넣고 잘 섞는다.

❺ 소독한 용기에 담고 라벨을 붙인다.

TYPE 5. 바스봄

대표적인 입욕제인 바스봄은 임신 중일 때나 출산 후에도 유용하게 사용할 수 있다. 상쾌한 기포와 향이 기분을 가볍게 전환해주며, 물 속의 나쁜 성분들을 흡착하여 목욕물을 한결 부드럽게 만들어준다.

만드는 방법

❶ 사용할 도구를 소독한다.

❷ 믹싱볼(또는 유리 비커)에 구연산과 탄산수소나트륨, 핑크 클레이를 계량하여 넣은 다음 잘 섞는다.

❸ 첨가물과 에센셜 오일이 뭉치지 않도록 넣고 깔끔주걱으로 섞는다.

❹ 증류수(플로랄 워터)를 스프레이 용기에 담아 골고루 뿌려서 바스봄을 반죽할 정도로 농도를 맞춘다.

❺ 반죽을 손으로 쥐었을 때 뭉쳐질 정도가 되면 준비한 틀로 모양을 내어 굳힌다.

❻ 서늘한 곳에서 완전히 건조시키고 비닐랩으로 포장하여 보관하거나 사용한다.

재료_에센셜 오일의 선택과 사용

임신 중 에센셜 오일 사용의 위험성에 대해서는 전문가마다 견해가 다르다. 복용했을 경우에 문제되는 것이 보통이며, 피부에 사용할 때는 피부에 흡수되어 태아에게 전달되는 양이 1/7,000,000로 극히 미미하다. 다만, 에센셜 오일 중에는 생리주기를 조절해주거나 생리를 촉진하는 기능, 자궁을 강화·수축시키는 기능을 갖고 있는 것들이 있어 주의한다.

만들기_작업 환경과 재료 다루기

천연비누를 만들 때는 가성가리와 가성소다 등 강알칼리성 물질을 다루게 된다. 이때는 안전 장비를 착용하고 환기가 잘 되는 곳에서 작업을 해야 한다. 특히 임산부는 작업 중 두통이나 현기증이 발생할 수 있으므로 환기에 각별히 신경써야 하며, 피부에 원액이 묻었을 경우 비누로 재빨리 씻어낸다.

사용법 – 임신 중 마사지 요령

· 임신 5개월 이전에는 복부 마사지를 해서는 안 된다.

· 경락 마사지는 임신 기간 내내, 그리고 출산 후 1년까지 하지 않는 것이 좋다.

· 피로할 때는 어깨의 뭉친 근육을 풀어주는 스웨디쉬 마사지나 림프 마사지 같
  은 부드러운 테크닉 위주의 마사지를 받는 것이 좋다.

· 배가 불러오면 엎드린 상태에서 마사지를 받지 않는다.

오일별 비누화값 (Saponification Value)

오일	가성가리(KOH)	가성소다(NaOH)
스위트 아몬드 오일 (Sweet Almond Oil)	0.1904	0.136
살구씨 오일 (Apricot Kernel Oil)	0.1890	0.135
아보카도 오일 (Avocado Oil)	0.1862	0.133
우지 (Beef Tallow)	0.1967	0.1405
비즈 왁스 (Bees Wax)	0.0966	0.069
보라지 오일 (Borage Oil)	0.1900	0.1357
캐놀라 오일 (Canola Oil - Rape seed)	0.1856	0.1324
피마자 오일 (Castor Oil)	0.1800	0.1286
코코아 버터 (Cocoa Butter)	0.1918	0.137
코코넛 오일 (Coconut Oil)	0.2660	0.19
옥수수유 (Corn Oil)	0.1904	0.136
면실유 (Cottonseed Oil)	0.1940	0.1386
아마씨 오일 (Flaxseed Oil)	0.1883	0.135
포도씨 오일 (Grapeseed Oil)	0.1771	0.126
헤이즐넛 오일 (Hazelnut Oil)	0.1898	0.1356
대마씨 오일 (Hempseed Oil)	0.1883	0.1345
호호바 오일 (Jojoba Oil)	0.0966	0.069
라놀린 (Lanolin - Wool Fat)	0.1037	0.0741
돈지 (Lard)	0.1932	0.138
마카다미아 오일 (Macadamia Oil)	0.1946	0.139
밍크 오일 (Mink Oil)	0.1960	0.14
님 오일 (Neem Oil)	0.1941	0.1387

오일	가성가리(KOH)	가성소다(NaOH)
올리브 오일 (Olive Oil)	0.2184	0.156
올리브 포머스 오일 (Olive Pomace Oil)	0.2184	0.156
팜 버터 (Palm Butter)	0.2184	0.156
팜 커널 오일 (Palm Kernel Oil)	0.2184	0.156
팜 오일 (Palm Oil)	0.1974	0.141
피넛 오일 (Peanut Oil)	0.1904	0.136
호박씨 오일 (Pumpkinseed Oil)	0.1890	0.135
미강유 (Rice Bran Oil)	0.1792	0.128
홍화 오일 (Safflower Oil)	0.1904	0.136
세사미 오일 (Sesame Oil)	0.1862	0.133
시어 버터 (Shea Butter)	0.1792	0.128
식물성 쇼트닝 (Shortening - Vegetable)	0.1904	0.136
대두유 (Soybean Oil)	0.1890	0.135
해바라기씨 오일 (Sunflowerseed Oil)	0.1876	0.134
월넛 오일 (Walnut Oil)	0.1894	0.136
윗점 오일 (Wheat Germ Oil)	0.1834	0.131
카멜리아 오일 (Camellia Oil)	0.191	0.1362
로즈힙시드 오일 (Rose Hipseed Oil)	0.193	0.1378
에뮤 오일 (EMU)	0.196	0.1359
달맞이꽃 종자 오일 (Evening Primrose Oil)	0.191	0.136
스테아르산 (Stearic Acid)	0.208	0.148

Botanical Name
(Melaleuca)
Distillation Method
(Steam Distillation)
Part (Leaves)
Place of Origin
(Australia)

part 2
임신 중
엄마를 위한
천연 케어

건강한 윤기를 지켜주는 얼굴 케어

티트리 피지 조절 스킨

임신 중에는 피부 트러블을 자주 겪게 되며 특히 피지 분비가 왕성해져서 얼굴이 많이 번들거린다. 이럴 때 사용하면 효과적인 피지 분비 조절 스킨을 소개한다. 세안 후 사용하면 피부를 상쾌하고 깔끔하게 정돈해준다.

 ### 재료

플로랄 워터 – 티트리 워터 50ml, 페퍼민트 워터 50ml
에센셜 오일 & 가용화제 – 티트리 5방울, 레몬 5방울, 올리브리퀴드 10방울

 ### 만들기

1 사용할 도구와 용기를 에탄올로 가볍게 소독한다.

2 250ml 유리 비커에 에센셜 오일과 가용화제를 계량하여 넣는다.

3 여기에 플로랄 워터를 붓고 골고루 섞어준다.

4 소독한 용기에 담고 라벨을 붙인다.

트러블성 혹은 피지가 많거나 모공이 큰 피부는 마무리 세안을 찬물로 여러 번 하여 모공 수축은 물론 피지 분비량을 최소화할 수 있도록 한다. 지성용·트러블용 스킨은 차갑게 사용하면 더 좋다.

<스킨 사용법>
1. 유기농 화장솜에 듬뿍 뿌려서 닦아낸다. (피지가 많거나 화장 잔여물 제거 시)
2. 스킨을 적당량 덜어 얼굴에 바르고 가볍게 두드려서 흡수시킨다. (일반)
3. 스프레이 용기에 담아서 얼굴에 대고 착착 뿌린 후 흡수시킨다. (민감 피부)
4. 유기농 화장솜에 듬뿍 묻혀 수분이 부족한 부위에 올려 팩을 한다.

레몬비타민 스킨

임신 중에는 색소침착 때문에 고민하는 엄마들이 많다. 주근깨가 진해지기도 하고, 전에 없던 기미가 올라오기도 한다. 화이트닝 효과가 있는 재료들만 엄선하여 만든 비타민 스킨을 소개한다.

 **재료**

플로랄 워터 – 네롤리 워터 100ml

에센셜 오일 & 가용화제 – 오렌지 5방울, 레몬 5방울, 올리브 리퀴드 10방울

첨가물 – 비타민C 파우더 1g

 **만들기**

1 사용할 도구와 용기를 에탄올로 가볍게 소독한다.

2 250ml 유리 비커에 에센셜 오일과 가용화제를 계량하여 넣는다.

3 여기에 플로랄 워터를 붓고 잘 저어준다.

4 비타민C 파우더를 넣고 잘 섞어준다.

5 소독한 용기에 담고 라벨을 붙인다.

로즈우드 스킨

피부가 건조하고 가려울 때 사용하면 좋은 레시피다. 각질 제거 효과가 뛰어나 거칠어지기 쉬운 임산부의 피부를 촉촉하고 매끄럽게 가꿔준다. 기초 화장 시 사용하면 화장이 한결 가볍고 자연스럽게 먹는 것을 느낄 수 있다.

 **재료**

플로랄 워터 – 캐모마일 워터 100ml

에센셜 오일 & 가용화제 – 로만 캐모마일 2방울, 로즈우드 3방울, 올리브 리퀴드 5방울

 **만들기**

1 사용할 도구와 용기를 에탄올로 가볍게 소독한다.

2 250ml 유리 비커에 에센셜 오일과 가용화제를 계량하여 넣는다.

3 여기에 플로랄 워터를 넣고 잘 저어준다.

4 소독한 용기에 담고 라벨을 붙인다.

알로에 로션

알로에는 임신 중에도 사용할 수 있는 순하고 효과 좋은 보습 재료다. 미백 효과도 뛰어나지만 자극으로부터 피부를 진정시키고 보호해주기 때문에 자칫 깨지기 쉬운 피부 균형을 지켜준다.

 **재료**

유상층 – 알로에 베라 오일 6g, 호호바 오일 7g, 시어 버터 3g, 올리브 유화 왁스 3g

수상층 – 알로에 베라 워터 55g

첨가물 – 히아루론산 3g, 세라마이드 3g, 알로에 베라 젤 20g, 알부틴 1g

에센셜 오일 – 티트리 5방울, 팔마로사 3방울, 라벤더 2방울

 **만들기**

1 250ml 유리 비커에 유상층의 재료를 계량하여 넣는다.

2 100ml 유리 비커에 수상층의 재료를 계량하여 넣는디.

3 ①과 ②를 각각 가열기구로 가열한다.

4 두 가지 재료 모두 70℃가 되면 수상층을 유상층에 조심스레 붓는다.

5 깔끔주걱과 핸드 블렌더를 함께 사용하여 잘 섞는다.

6 걸쭉해지면 첨가물과 에센셜 오일을 넣고 잘 섞는다.

7 소독한 용기에 담고 라벨을 붙인다.

녹차씨 미백 로션

임신성 기미 때문에 고민이라면 활용해볼 만한 레시피다. 임신성 기미는 출산 이후 천천히 사라지지만 청결하고 깔끔한 이미지의 임산부가 되고 싶다면 임신 중에도 꾸준히 관리를 해주는 것이 좋다.

재료

유상층 - 로즈힙 시드 오일 7g, 녹차씨 오일 13g, 올리브 유화 왁스 5g

수상층 - 네롤리 워터 70g

첨가물 - 히아루론산 3g, 세라마이드 3g, 알부틴 1g

에센셜 오일 - 오렌지 2방울, 레몬 8방울

만들기

1 250ml 유리 비커에 유상층의 재료를 계량하여 넣는다.

2 100ml 유리 비커에 수상층의 재료를 계량하여 넣는다.

3 ①과 ②를 각각 가열기구로 가열한다.

4 두 가지 재료 모두 70℃가 되면 수상층을 유상층에 조심스레 붓는다.

5 깔끔주걱과 핸드 블렌더를 함께 사용하여 잘 섞는다.

6 걸쭉해지면 첨가물과 에센셜 오일을 넣고 잘 섞는다.

7 소독한 용기에 담고 라벨을 붙인다.

캐모마일 로션

피부가 건조하고 푸석푸석해졌다면 캐모마일 로션을 활용해보자. 이 레시피는 건조한 피부에 수분을 더하고 콜라겐을 공급해 윤기 있는 피부를 만든다. 순하고 부드러워 바르는 느낌도 좋다.

 ## 재료

유상층 – 아보카도 오일 7g, 마카다미아넛 오일 10g, 시어 버터 3g, 올리브 유화 왁스 4g

수상층 – 캐모마일 워터 71g

첨가물 – 콜라겐 3g, 세라마이드 3g

에센셜 오일 – 로만 캐모마일 2방울, 라벤더 3방울

 ## 만들기

1. 250ml 유리 비커에 유상층의 재료를 계량하여 넣는다.

2. 100ml 유리 비커에 수상층의 재료를 계량하여 넣는다.

3. ①과 ②를 각각 가열기구로 가열한다.

4. 두 가지 재료 모두 70℃가 되면 수상층을 유상층에 조심스레 붓는다.

5. 깔끔주걱과 핸드 블렌더를 함께 사용하여 잘 섞는다.

6. 걸쭉해지면 첨가물과 에센셜 오일을 넣고 잘 섞는다.

7. 소독한 용기에 담고 라벨을 붙인다.

알로에 크림

임신 중에는 호르몬의 영향으로 피지 분비량이 많아져 얼굴이 많이 번들거린다. 알로에는 자극과 부작용이 없어 임신 중에도 부담 없이 사용할 수 있으며, 피부를 촉촉하면서도 깔끔하게 가꿔준다.

 ## 재료

기본 재료 – 알로에 베라 젤 83g

식물성 오일 – 호호바 오일 5g

플로랄 워터 – 위치헤이즐 워터 5g

첨가물 – 히아루론산 3g, 세라마이드 3g, 디판테놀 1g

에센셜 오일 – 티트리 5방울, 라벤더 5방울

 ## 만들기

1. 250ml 유리 비커에 알로에 베라 젤을 계량하여 넣는다.
2. 호호바 오일과 위치헤이즐 워터를 넣고 핸드 블렌더로 잘 섞는다.
3. 여기에 첨가물과 에센셜 오일을 넣고 잘 섞는다.
4. 소독한 용기에 담고 라벨을 붙인다.

chevronné sublime le goût de

로즈힙 비타민 크림

임신 중 짙어진 기미나 주근깨는 거울을 볼 때마다 기분을 우울하게 만든다. 이럴 때는 비타민 함유량이 많은 재료를 활용하면 좋다. 칙칙한 피부를 환하게 밝혀주는 것은 물론, 미백 효과까지 기대할 수 있다.

 ## 재료

유상층 - 로즈힙 시드 오일 10g, 골든 호호바 오일 13g, 윗점 오일 3g, 올리브 유화 왁스 7g

수상층 - 네롤리 워터 60g

첨가물 - 히아루론산 3g, 세라마이드 3g, 알부틴 1g

에센셜 오일 - 오렌지 5방울, 레몬 5방울

 ## 만들기

1 250ml 유리 비커에 유상층의 재료를 계량하여 넣는다.

2 100ml 유리 비커에 수상층의 재료를 계량하여 넣는다.

3 ①과 ②를 각각 가열기구로 가열한다.

4 두 재료 모두 70℃가 되면 수상층을 유상층에 붓는다.

5 깔끔주걱과 핸드 블렌더를 함께 사용하여 잘 섞는다.

6 걸쭉해지면 첨가물과 에센셜 오일을 넣고 잘 섞는다.

7 소독한 용기에 담고 라벨을 붙인다.

프랭킨센스 보습 크림

피부가 건조하고 각질이 생겼을 때 사용하면 좋은 레시피다. 특히 평소 피부가 건조한 사람은 임신 중에는 더욱 건조하고 하얗게 각질이 일어날 수 있으므로 미리미리 관리하는 것이 좋다.

 **재료**

유상층 - 아보카도 오일 8g, 마카다미아넛 오일 10g, 시어 버터 10g, 올리브 유화 왁스 7g

수상층 - 캐모마일 워터 45g

첨가물 - 히아루론산 5g, 세라마이드 10g, 알로에 베라 젤 5g

에센셜 오일 - 제라늄 2방울, 프랭킨센스 3방울

 **만들기**

1 250ml 유리 비커에 유상층의 재료를 계량하여 넣는다.

2 100ml 유리 비커에 수상층의 재료를 계량하여 넣는다.

3 ①과 ②를 각각 가열기구로 가열한다.

4 두 재료 모두 70℃가 되면 수상층을 유상층에 붓는다.

5 깔끔주걱과 핸드 블렌더를 함께 사용하여 잘 섞는다.

6 걸쭉해지면 첨가물과 에센셜 오일을 넣고 잘 섞는다.

7 소독한 용기에 담고 라벨을 붙인다.

레몬 미백 에센스

어두워진 피부톤을 밝게 빛내주는 레시피다. 미백 효과를 제대로 보려면 기능성 첨가물을 활용하는 것이 좋다. 요즘은 알부틴이나 화이텐스 같은 기능성 첨가물이 다양하게 나와 있어 선택의 폭이 넓다.

 **재료**

기본 재료 – 알로에 베라 젤 50g

플로랄 워터 – 캐모마일 워터 30g

화이트닝 기능성 첨가물 – 알부틴 1g, 화이텐스 1g, 비타민C 파우더 1g

모이스처 기능성 첨가물 – 디판테놀 1g, 세라마이드 3g, 히아루론산 3g

베이스 오일 – 로즈힙 시드 오일 3g, 마카다미아넛 오일 7g

에센셜 오일 – 오렌지 2방울, 레몬 8방울

 **만들기**

1. 250㎖ 유리 비커에 알로에 베라 젤과 캐모마일 워터를 계량하여 넣는다.

2. 베이스 오일과 기능성 첨가물을 모두 넣고 핸드 블렌더로 잘 섞는다.

3. 에센셜 오일을 넣고 잘 섞는다.

4. 소독한 용기에 담고 라벨을 붙인다.

호호바 립밤

입술은 가장 연약한 피부이면서도 방심하기 쉬운 부위다. 하지만 한 번 손상되면 깔끔한 이미지를 해치고 회복하는 데도 많은 시간이 소요된다. 립밤을 만들어 꾸준히 사용하면 한결 건강하고 청결한 이미지를 만들 수 있다.

 **재료**

기본 재료 – 시어 버터 35g
베이스 오일 – 호호바 오일 20g, 카렌듈라 인퓨즈드 오일 10g
유화제 – 비정제 비즈 왁스 15g
첨가물 – 비타민E 1g
에센셜 오일 – 만다린 10방울

 **만들기**

1 100ml 유리 비커에 시어 버터와 베이스 오일을 계량하여 넣는다.
2 비정제 비즈왁스를 넣고 가열기구에 올려 녹인다.
3 다 녹으면 약간 식힌 후 비타민E와 에센셜 오일을 넣고 잘 섞는다.
4 소독한 용기에 담고 라벨을 붙인다.

타마누 아토피 연고

평소 피부가 건강한 사람도 임신 중에는 아토피로 고생
할 수 있다. 특히 건조하고 예민한 피부를 가졌다면 보습
에 더 신경써야 한다. 이미 아토피가 생겼다면 보습제만
으로는 부족하므로 연고를 만들어 사용하는 것이 좋다.

 **재료**

기본 재료 – 시어 버터 30g
베이스 오일 – 타마누 오일 40g, 카렌듈라 인퓨즈드 오일 10g
유화제 – 비정제 비즈 왁스 7g
첨가물 – 비타민E 1g
에센셜 오일 – 저먼 캐모마일 5방울, 라벤더 8방울

 **만들기**

1 100ml 유리 비커에 시어 버터와 베이스 오일을 계량하여
   넣는다.
2 비정제 비즈왁스를 넣고 가열기구로 녹인다.
3 다 녹으면 약간 식힌 후 비타민E와 에센셜 오일을 넣고 잘
   섞는다.
4 소독한 용기에 담고 라벨을 붙인다.

Chapter 2

임신 전 몸매를 지켜주는 복부&하체 케어

로즈힙 탄력 크림

임산부의 큰 고민 중 하나가 튼살이다. 튼살은 출산 후 일부 약해지기도 하지만 영원히 그 흔적이 지워지지 않는 경우도 많다. 애초에 생기지 않게 하는 것이 최선이다. 임신 초기부터 복부 관리에 돌입해 탄력을 강화해야 한다.

 **재료**

유상층 – 로즈힙 시드 오일 10g, 아르간 오일 10g, 시어 버터 10g, 올리브 유화 왁스 7g

수상층 – 네롤리 워터 60g

첨가물 – 히아루론산 2g, 세라마이드 2g, 비타민E 1g

에센셜 오일 – 라벤더 5방울, 만다린 8방울, 네롤리 7방울

 **만들기**

1 250㎖ 유리 비커에 유상층의 재료를 계량하여 넣는다.

2 100㎖ 유리 비커에 수상층의 재료를 계량하여 넣는다.

3 ①과 ②를 각각 가열기구로 가열한다.

4 두 가지 모두 70℃가 되면 수상층을 유상층에 붓는다.

5 깔끔주걱과 핸드 블렌더를 함께 사용하여 잘 섞는다.

6 걸쭉해지면 첨가물과 에센셜 오일을 넣고 잘 섞는다.

7 소독한 용기에 담고 라벨을 붙인다.

Fresh Milk
NOURITIOUS

아르간 마사지 오일

평소 잘 관리를 하던 사람이라도 임신 후기에 이르러 몸이 무거워지고 배가 커지면 관리가 소홀해지면서 튼살이 생기기 쉽다. 이미 튼살이 생겼다면 고착되기 전에 마사지 오일을 사용해 완화시키는 것이 좋다.

 ## 재료

베이스 오일 – 아르간 오일 50ml, 로즈힙 시드 오일 20ml, 골든 호호바 오일 30ml

첨가물 – 비타민E 1g

에센셜 오일 – 라벤더 5방울, 만다린 7방울, 네롤리 8방울

 ## 만들기

1 사용할 도구와 용기를 에탄올로 가볍게 소독한다.

2 250ml 유리 비커에 베이스 오일을 계량하여 넣는다.

3 비타민E와 에센셜 오일을 첨가하여 잘 섞는다.

4 소독한 용기에 담고 라벨을 붙인다.

아르니카 마사지 크림

임신으로 인해 몸이 무거워지면서 요통을 많이 겪게 된다. 평소 마사지를 통해 등과 허리 근육을 강화해주면 조금이나마 도움을 받을 수 있다. 전용 크림을 준비해 남편에게 도움을 받아 마사지를 해보자.

 **재료**

유상층 – 세인트 존스 워트 오일 10g, 아르니카 인퓨즈드 오일 10g, 시어 버터 10g, 올리브 유화 왁스 7g

수상층 – 네롤리 워터 50g

첨가물 – 히아루론산 1g, 세라마이드 1g, 비타민E 1g, 글리세린 10g

에센셜 오일 – 레몬 10방울, 블랙페퍼 2방울, 페퍼민트 5방울, 유칼립투스 5방울, 파인 3방울

 **만들기**

1 250ml 유리 비커에 유상층의 재료를 계량하여 넣는다.

2 100ml 유리 비커에 수상층의 재료를 계량하여 넣는다.

3 ①과 ②를 각각 가열기구로 가열한다.

4 두 가지 모두 70℃가 되면 수상층을 유상층에 붓는다.

5 깔끔주걱과 핸드 블렌더를 함께 사용하여 잘 섞는다.

6 걸쭉해지면 첨가물과 에센셜 오일을 넣고 잘 섞는다.

7 소독한 용기에 담고 라벨을 붙인다.

 **Tip!** 아르니카 인퓨즈드 오일, 블랙페퍼, 페퍼민트는 임신 초기에는 사용하지 않는다. 4개월 이후에 사용 가능하다.

아르니카 마사지 오일 

임신 중에는 배의 하중이 커지면서 혈액순환이 나빠진다. 특히 다리에 부종이 생기기 쉬운데, 이때는 다리를 높이고 휴식을 취해주는 것이 좋다. 또 다리 전용 제품을 사용해 마사지를 해주면 한결 가벼워진다.

 **재료**

베이스 오일 – 골든 호호바 오일 50ml, 아르니카 인퓨즈드 오일 50ml
첨가물 – 비타민E 1g
에센셜 오일 – 오렌지 10방울, 그레이프 프루트 10방울

 **만들기**

1 사용할 도구와 용기를 에탄올로 가볍게 소독한다.
2 250ml 유리 비커에 베이스 오일을 계량하여 넣는다.
3 비타민E와 에센셜 오일을 첨가하여 잘 섞어준다.
4 소독한 용기에 담고 라벨을 붙인다.

대마씨 마사지 크림

임신 초기에는 혼자서도 발마사지를 할 수 있다. 배가 불러오면서 몸을 숙이는 것이 힘들어지면 남편에게 청해 잠깐씩이라도 마사지를 받도록 한다. 이때 허브 크림을 사용하면 마사지 효과를 배가시킬 수 있다.

 **재료**

유상층 – 대마씨 오일 10g, 스위트 아몬드 오일 10g, 살구씨 오일 10g, 올리브 유화 왁스 7g

수상층 – 라벤더 워터 60g

첨가물 – 히아루론산 1g, 세라마이드 1g, 비타민E 1g

에센셜 오일 – 라벤더 10방울, 티트리 10방울

 **만들기**

1 250ml 유리 비커에 유상층의 재료를 계량하여 넣는다.

2 100ml 유리 비커에 수상층의 재료를 계량하여 넣는다.

3 ①과 ②를 각각 가열기구로 가열한다.

4 두 가지 모두 70℃가 되면 수상층을 유상층에 붓는다.

5 깔끔주걱과 핸드 블렌더를 함께 사용하여 잘 섞는다.

6 걸쭉해지면 첨가물과 에센셜 오일을 넣고 잘 섞는다.

7 소독한 용기에 담고 라벨을 붙인다.

최상의 컨디션을 만들어주는 보디 케어

페퍼민트 스프레이

임신 중에는 우울하거나 졸음이 쏟아지면서 온몸이 나른해진다. 또 입덧 때문에 컨디션이 나빠지기도 한다. 이때 페퍼민트 스프레이를 사용하면 기분이 상쾌해진다. 샤워 후 온몸에 뿌리고 가볍게 두드려 흡수시킨다.

 **재료**

플로랄 워터 - 페퍼민트 워터 100ml
에센셜 오일 & 가용화제 - 레몬 10방울, 올리브 리퀴드 10방울
첨가물 - 오이즙 1스푼

 **만들기**

1 250ml 유리 비커에 에센셜 오일과 가용화제를 계량하여 넣는다.

2 여기에 페퍼민트 워터를 붓고 잘 섞는다.

3 마지막으로 오이즙을 넣고 잘 저어준다.

4 소독한 스프레이 용기에 담고 사용한다.

라벤더 보디로션

배가 불러오면 잠자리에 누워서도 몸을 뒤척이기 힘들고 밤중에 화장실에 가는 일도 잦아 불면증이 올 수 있다. 특히 출산이 가까워오면 불안감이 늘어난다. 이때는 보디로션에도 편안한 느낌을 주는 향을 활용해보자.

 **재료**

유상층 – 시어 버터 10g, 호호바 오일 20g, 올리브 유화 왁스 4g
수상층 – 라벤더 워터 63g
첨가물 – 세라마이드 1g, 비타민 E 1g, 히아루론산 1g
에센셜 오일 – 로만 캐모마일 2방울, 샌달우드 1방울, 라벤더 7방울

 **만들기**

1 250ml 유리 비커에 유상층의 재료를 계량하여 넣는다.
2 100ml 유리 비커에 수상층의 재료를 계량하여 넣는다.
3 ①과 ②를 각각 가열기구로 가열한다.
4 두 가지 모두 70℃가 되면 수상층을 유상층에 붓는다.
5 깔끔주걱과 핸드 블렌더를 함께 사용하여 잘 섞는다.
6 걸쭉해지면 첨가물과 에센셜 오일을 넣고 잘 섞는다.
7 소독한 용기에 담고 라벨을 붙인다.

Natural

유칼립투스 마사지 오일

임신 중에는 활동량이 적고, 운동에도 한계가 있기 때문
에 어깨와 목이 뻣뻣해지며 몸이 묵직해질 때가 많다. 이
런 느낌을 방치하면 증세가 점점 심해질 수 있으므로 그
때그때 마사지로 풀어주는 것이 좋다.

 **재료**

베이스 오일 - 골든 호호바 오일 50ml, 살구씨 오일 50ml
첨가물 - 비타민E 1g
에센셜 오일 - 로만 캐모마일 15방울, 라벤더 15방울, 유칼립투스 10
방울, 페퍼민트 5방울

 **만들기**

1 사용할 도구와 용기를 에탄올로 가볍게 소독한다.
2 250ml 유리 비커에 베이스 오일을 계량하여 넣는다.
3 비타민E와 에센셜 오일을 첨가하여 잘 섞는다.
4 소독한 용기에 담고 라벨을 붙인다.

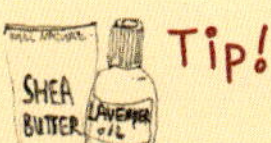 **Tip!**
- 라벤더는 생리 기능을 활성화시켜 주는 효능이 있기 때문에 임신 4개월 이전에는 라벤더 에센셜 오일을 첨가하지 않는 것이 좋다.
- 페퍼민트도 4개월 이후에 사용한다.

라벤더 바스솔트

목욕을 할 때 바스솔트를 목욕물에 풀어주면 몸속의 노폐물과 피부 각질을 제거하는 데 효과적이다. 또한 에센셜 오일의 향과 보습 효과로 몸과 마음이 편안해진다. 입욕은 주 1~2회, 15~20분간, 미온수로 하는 것이 좋다.

 **재료**

기본 재료 – 사해소금(엡솜 솔트) 500g
에센셜 오일 – 라벤더 3ml, 유칼립투스 1ml

 **만들기**

1 믹싱볼에 사해소금을 계량하여 넣는다.

2 에센셜 오일이 뭉치지 않도록 넣고 잘 섞는다.

3 소독한 용기에 담고 라벨을 붙인다.

 **Tip! 바스솔트 이용법**

① 바스솔트를 어른 주먹 크기만큼 덜어서 목욕물에 넣고 잘 풀어준다.
② 15~20분간 입욕한다.
③ 보디클렌저로 가볍게 씻어낸 뒤 미온수로 마무리한다.

레몬 바스솔트

상쾌한 레몬 향을 느낄 수 있는 바스솔트 레시피다. 따뜻한 물에 바스솔트를 풀고 조용히 휴식을 취하면 몸속에 쌓인 독소가 배출되면서 피로가 싹 풀린다. 기분까지 상쾌해져서 임신 기간이 더욱 즐거워진다.

 **재료**

기본 재료 – 사해소금(엡솜 솔트) 500g
에센셜 오일 – 레몬 3ml, 제라늄 1ml

 **만들기**

1 믹싱볼에 사해소금을 계량하여 넣는다.

2 에센셜 오일이 뭉치지 않도록 넣고 잘 섞는다.

3 소독한 용기에 담고 라벨을 붙인다.

페티그레인 보디클렌저

임신 중에는 몸에 열이 많아지면서 평소 땀을 잘 안 흘리던 사람이라도 체질이
변하면서 땀을 많이 흘리게 된다. 땀 냄새 제거에 효과적인 보디클렌저를 사용
해 따뜻한 물로 가볍게 샤워를 하면 상쾌한 기분을 유지할 수 있다.

재료

페이스트

설탕 용액 – 설탕 54g, 설탕 녹일 증류수 324g

가성가리 용액 – 가성가리(순도 95%) 132g, 가성가리 녹일 증류수 132g

베이스 오일 – 비정제 코코넛 오일 300g, 시어 버터 50g, 호호바 오일 100g, 피마자 오일 150g

보디클렌저

플로랄 워터 – 페이스트와 같은 양의 네롤리 워터

첨가물 – 보디클렌저 100ml당 알란토인 1ml

에센셜 오일 – 보디클렌저 100ml당 티트리 10방울, 페티그레인 10방울

 만들기

1 끓는 증류수에 설탕을 녹인 뒤 밀봉하여 사용할 때까지 별도로 보관한다. 가성가리도 증류수에 넣어 녹인다.

2 베이스 오일을 75~80℃까지 가열하고 가성가리 용액을 넣는다. 이때 트레이스 상태를 많이 진행시킨다.

3 ①에서 만든 설탕 용액을 70~80℃까지 가열한 다음 비누액을 넣는다. 하루가 지난 뒤 비누액을 중불에 중탕하며 데워 증류수를 넣고 희석한다. 증류수를 넣을 때는 커피잔으로 반 컵 정도 먼저 넣어서 섞은 다음 농도를 조절한다.

4 pH페이퍼로 산도를 측정하여 산도가 9 미만인지 확인한다. 산도가 10이 넘으면 중화제를 넣어서 중화시킨다.

5 에센셜 오일, 보존제, 색소 등 원하는 첨가물을 넣는다.

6 완성된 보디클렌저를 예쁜 용기에 담는다.

카렌듈라 연고

입덧이 심하거나 변비, 출산 중에 치질이 생기는 경우가
많다. 치질은 통증이나 출혈을 유발하기 때문에 평소 변
비가 생기지 않도록 특별히 유의한다. 치질에는 좌욕이
좋으며, 전문 연고를 사용해 통증을 완화시킬 수 있다.

 **재료**

식물성 오일 - 시어 버터 10g, 카렌듈라 인퓨즈드 오일 10g
유화제 - 비정제 비즈 왁스 2g
첨가물 - 비타민E 1ml
에센셜 오일 - 제라늄 6방울, 사이프러스 2방울

 **만들기**

1 사용할 도구와 용기를 에탄올로 가볍게 소독한다.

2 50㎖ 유리 비커에 시어 버터와 카렌듈라 인퓨즈드 오일,
비정제 비즈 왁스를 계량하여 넣는다.

3 가열기구에 올려 녹인다.

4 약간 식힌 후 비타민E와 에센셜 오일을 넣고 잘 섞는다.

5 소독한 용기에 담고 라벨을 붙인다.

Chapter 4

출산에 자신감을 심어주는 천연입욕제

올리브 마사지 오일

출산이 임박해오면 심리적인 부담이 커지면서 불안이나 불면증이 오기도 한다. 이때는 부드러운 마사지를 통해 마음의 안정을 유지시킨다. 또 배마사지를 하며 아기와 교감을 나눠보면 불안감이 가시는 것을 느낄 수 있다.

 **재료**

베이스 오일 – 호호바 오일 50ml, 퓨어 올리브 오일 20ml, 스위트 아몬드 오일 30ml

첨가물 – 비타민E 1g

에센셜 오일 – 네롤리 5방울, 라벤더 10방울

 **만들기**

1 사용할 도구와 용기를 에탄올로 가볍게 소독한다.

2 250ml 유리 비커에 베이스 오일을 계량하여 넣는다.

3 비타민E와 에센셜 오일을 첨가하여 잘 섞는다.

4 소독한 용기에 담고 라벨을 붙인다.

HEATOR

라벤더 마사지 오일

분만 예정일이 가까워지면 왠지 자꾸만 배가 아픈 것 같고, 마음도 불안해진다. 이럴 때 배를 부드럽게 마사지해주면 조금 편안해진다. 엄마나 아기 모두에게 좋은 마사지 오일을 사용하면 효과를 배가시킬 수 있다.

 **재료**

베이스 오일 – 호호바 오일 70ml, 퓨어 올리브 오일 30ml
첨가물 – 비타민E 1g
에센셜 오일 – 라벤더(타즈마니안) 38방울, 샌달우드 2방울

 **만들기**

1 사용할 도구와 용기를 에탄올로 가볍게 소독한다.

2 250ml 유리 비커에 베이스 오일을 계량하여 넣는다.

3 비타민E와 에센셜 오일을 넣고 잘 섞는다.

4 소독한 용기에 넣고 라벨을 붙인다.

Tip! 라벤더는 생리 기능을 활성화시켜주는 효능이 있기 때문에 임신 4개월 이전에는 라벤더 에센셜 오일을 첨가하지 않는다.

로즈 바스솔트

마음이 불안하거나 우울할 때 목욕을 하면 좋다. 욕조에 따뜻한 물을 받고, 바스솔트를 풀어 몸을 담그고 있으면 한결 기분이 좋아진다. 하지만 입욕을 너무 오래 하면 현기증을 느낄 수 있으므로 20분 이내로 하는 것이 좋다.

 **재료**

기본 재료 – 사해소금(엡솜 솔트) 500g
에센셜 오일 – 클라리세이지 1ml, 로즈 10방울

 **만들기**

1 사용할 도구와 용기를 에탄올로 가볍게 소독한다.

2 믹싱볼에 사해소금을 계량하여 넣는다.

3 에센셜 오일이 뭉치지 않도록 넣고 잘 섞는다.

4 소독한 용기에 담고 라벨을 붙인다.

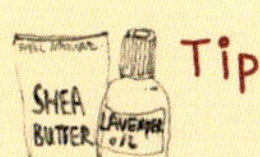

출산 전 진통이 오기 시작하면 진행한다.

라벤더 바스솔트

출산을 앞두고 엄마가 긴장을 하면 아기도 불안해한다. 엄마가 자신감을 갖고 출산에 임해야 아기도 편안한 마음으로 세상에 나온다는 것을 기억하고 마인드 컨트롤과 따뜻한 목욕으로 긴장감을 완화시켜 보자.

 **재료**

기본 재료 – 사해소금(엡솜 솔트) 500g
에센셜 오일 – 라벤더 3ml, 로만 캐모마일 1ml

 **만들기**

1 사용할 도구와 용기를 에탄올로 가볍게 소독한다.

2 믹싱볼에 사해소금을 계량하여 넣는다.

3 에센셜 오일이 뭉치지 않도록 넣고 잘 섞는다.

4 소독한 용기에 담고 라벨을 붙인다.

캐모마일 바스솔트

출산이 임박하면 가진통이 자주 찾아온다. 이때는 병원에 가도 뾰족한 방법이 없다. 집에서 심호흡과 따뜻한 목욕으로 통증을 달래보는 것이 좋으며 바스솔트를 활용하면 한결 편안하게 통증에서 벗어날 수 있다.

 **재료**

기본 재료 – 사해소금(엡솜 솔트) 500g
에센셜 오일 – 블랙페퍼 1ml, 클라리세이지 1ml, 로만 캐모마일 1ml

 **만들기**

1 사용할 도구와 용기를 에탄올로 가볍게 소독한다.
2 믹싱볼에 사해소금을 계량하여 넣는다.
3 에센셜 오일을 뭉치지 않도록 넣고 잘 섞는다.
4 소독한 용기에 담고 라벨을 붙인다.

Chapter 5

임신중 손상을 막아주는 모발 케어

프랭킨센스 샴푸

임신 중에는 머리카락도 푸석하고 건조해진다. 또 출산 이후 머리카락이 많이 빠지기 때문에 임신 중에 헤어케어를 시작하는 것이 좋다. 임신 중에는 퍼머나 헤어드라이어 사용을 자제하고 샴푸 역시 천연 제품을 사용한다.

 ## 재료

페이스트

설탕 용액 – 설탕 54g, 설탕 녹일 증류수 324g

가성가리 용액 – 가성가리(순도97%) 141g, 가성가리 녹일 증류수 141g

베이스 오일 – 비정제 코코넛 오일 300g, 시어 버터 50g, 동백 오일 100g, 대마씨 오일 50g, 피마자 오일 100g

샴푸

플로랄 워터 – 페이스트와 같은 양의 로즈마리 워터

첨가물 – 샴푸 100ml당 에스피노질리아 1ml

에센셜 오일 – 샴푸 100ml당 파출리 5방울, 일랑일랑 5방울, 프랭킨센스 10방울

 ## 만들기

1 끓는 증류수에 설탕을 녹인 뒤 밀봉하여 사용할 때까지 별도로 보관한다. 가성가리도 증류수에 넣어 녹인다.

2 베이스 오일을 75~80℃까지 가열한 다음 가성가리 용액을 붓는다. 이때 트레이스 상태를 많이 진행시켜 걸쭉하게 만든다.

3 ①에서 만든 설탕 용액을 70~80℃까지 가열한 다음 비누액을 넣는다. 하루가 지난 뒤 비누액을 중불에 중탕하며 데우고 증류수를 넣어 희석한다. 증류수를 넣을 때는 커피잔으로 반 컵 정도 먼저 넣어 섞은 다음 농도를 조절한다.

4 pH페이퍼로 산도를 측정하여 산도가 9 미만인지 확인한다. 산도가 10이 넘으면 중화제를 넣어서 중화시킨다.

5 원하는 에센셜 오일, 보존제, 색소 등 첨가물을 넣는다.

6 완성된 샴푸를 예쁜 용기에 담는다.

일랑일랑 트리트먼트

건조하고 거칠어진 머리카락에 영양을 공급하고 탄력과 윤기를 더하기 위해 천연 헤어트리트먼트를 사용한다. 임신 중에는 단계별로 챙겨 사용하는 것이 귀찮을 수도 있지만, 미리 잘 관리해야 나중에 후회하지 않는다.

 **재료**

기본 재료 – 구연산 50g

플로랄 워터 – 일랑일랑 워터 200g

첨가물 – 글리세린 10g

에센셜 오일 & 가용화제 – 일랑일랑 5방울, 올리브 리퀴드 10방울, 샌달우드 1방울, 오렌지 4방울

 **만들기**

1 500ml 유리 비커에 일랑일랑 워터를 계량하여 넣는다.

2 여기에 구연산을 넣고 잘 섞는다.

3 또 다른 500ml 유리 비커에 에센셜 오일과 가용화제를 넣고 잘 섞는다.

4 ②를 ③에 넣고 잘 섞는다.

5 글리세린을 넣고 잘 섞는다.

6 소독한 용기에 담고 라벨을 붙인다.

티트리 스프레이

지루성 두피는 머리에 항상 유분이 많고 가렵거나 아프다. 임신 중에는 함부로 치료 약품을 사용할 수 없기 때문에 천연 마사지를 통해 완화시킬 수 있다. 간편하게 뿌려서 마사지하면 머리 건강은 물론 기분까지 좋아진다.

 **재료**

플로럴 워터 - 티트리 워터 85ml
첨가물 - 세라마이드 5g, 유카 추출물 5g, 호호바 오일 3g
가용화제 - 올리브 리퀴드 3g
에센셜 오일 - 티트리 10방울, 라벤더 5방울, 레몬 5방울

 **만들기**

1　250ml 유리 비커에 올리브 리퀴드와 에센셜 오일, 호호바 오일을 계량하여 넣는다.

2　티트리 워터를 넣고 스푼으로 잘 저어준다.

3　나머지 첨가물을 넣고 잘 섞는다.

4　소독한 용기에 담고 라벨을 붙인다.

 **Tip!** 두피용 스프레이 용기에 담고 두피에 바로 분사하여 골고루 마사지한다. 오일 양이 적으므로 마사지 후 두피가 마르면 바로 자도 된다.

authentic made glass
Nº 2443
fait a la main
original

아보카도 헤어 팩

임신으로 인해 기름기 없이 푸석해지고 약해진 머릿결
은 몸에 좋은 영양분이 가득한 헤어 팩을 이용해 꾸준히
관리해야 한다. 천연의 영양과 향이 탄력 있고 건강한 머
릿결을 만들어주며 머리까지 맑게 한다.

 **재료**

베이스 오일 – 아보카도 오일 10g, 비정제 코코넛 오일 10g, 퓨어 올리
브오일 10g

첨가물 – 비타민E 1g, 알로에 베라 젤 50g, 케라틴 10g, 실크 아미노산
10g

에센셜 오일 – 일랑일랑 5방울, 파출리 5방울, 만다린 10방울, 레몬 20
방울

 **만들기**

1 250ml 유리비커에 베이스 오일을 계량하여 넣는다.

2 알로에 베라 젤을 넣고 가열기구로 가열하여 비정제 코코
   넛 오일이 녹으면 핸드 블렌더로 잘 섞는다.

3 나머지 첨가물과 에센셜 오일을 넣고 핸드 블렌더로 잘 섞
   는다.

4 소독한 용기에 담고 라벨을 붙인다.

 **Tip!** 머리를 감은 후 타월로 가볍게 털어내고 헤어 팩을 골고루
발라 20분간 상온 방치하거나 스팀타월로 감싸준다.
샴푸 후 트리트먼트로 마무리한다.

 # 임산부를 위한 허브차 선택법

대부분의 허브차는 기분을 편안하게 하고 혈액순환을 증진시키며, 변비 해소, 컨디션 개선 등의 효과를 갖고 있다. 특히 임신 초기의 입덧을 완화시키고 빈혈을 예방하는 데 좋으며, 임신으로 인한 불안이나 초조 등을 진정시키기도 한다. 하지만 허브는 저마다 고유의 효능을 갖고 있으므로 임신 중에는 신중하게 선택해야 한다.

라벤더

스트레스를 해소시키고 긴장을 풀어주며 불면증에 효과가 있다. 임신 중에는 너무 많이 마시지 않는 것이 좋다.

로즈마리

심신의 피로를 가라앉히고 뇌의 움직임을 활성화하여 기억력을 증진시키고, 집중력을 높인다. 임신 중에는 너무 많이 마시지 않는 것이 좋다.

로즈힙

비타민C가 풍부하여 눈의 피로, 변비, 생리통을 완화시키며, 더위를 먹었을 때나, 감기, 임신 중 영양 공급에 좋다.

캐모마일

자궁을 강화시키기 때문에 출산 후 마시면 더 효과적이다. 스트레스나 피로회복에 좋다.

펜넬

임신 중에는 음용하지 않는다. 출산 후 마시면 젖을 잘 나오게 해 모유 수유 시 도움이 된다.

페퍼민트

청량감을 주는 허브로, 입덧을 진정시키는 효과가 있으나 임신 중 자주 마시는 것은
좋지 않다.

히비스키스

붉은빛이 도는 차로 신맛이 강하여 꿀이나 설탕을 첨가해 마시기도 한다. 목의 통증,
감기, 변비에 효과적이다.

레몬밤

머리를 맑게 하고 기억력을 증진시킨다. 우울증에 효과적이며 신경성 두통에도 좋다.

블루 멜로우

푸른빛이 도는 차로 여드름, 변비에 효과적이다.

part 3
출산 후
엄마를 위한
천연 케어

임신 전 탄력을 되찾아주는 얼굴 케어

캐모마일 마일드 스킨

출산 뒤에는 심신이 피로하고 지치게 마련이다. 이때는 화장품 하나도 자극이 없고 부드러운 것으로 선택해야 한다. 캐모마일 워터를 기본으로 한 이 레시피는 자극이 없고 순해서 모든 산모들이 걱정 없이 사용할 수 있다.

 ## 재료

플로랄 워터 – 캐모마일 워터 90ml

첨가물 – 세라마이드 10g, 알란토인 1g

에센셜 오일 & 가용화제 – 로만 캐모마일 2방울, 올리브 리퀴드 5방울, 그레이프 프루트 3방울

 ## 만들기

1 사용할 도구와 용기를 에탄올로 가볍게 소독한다.

2 250ml 유리 비커에 에센셜 오일과 가용화제를 계량하여 넣는다.

3 캐모마일 워터를 넣고 잘 섞는다.

4 첨가물을 넣고 잘 섞는다.

5 소독한 용기에 담고 라벨을 붙인다.

라벤더 마일드 로션

라벤더는 몸과 마음을 편안하게 진정시켜주는 효과가 있어 산모용 로션에 활용하면 자극 없이 촉촉한 피부로 가꿀 수 있다. 출산으로 지쳐 있는 피부에 활력을 불어넣을 수 있으며 활용도가 높다.

 **재료**

유상층 – 시어 버터 7g, 아르간 오일 5g, 아보카도 오일 3g, 올리브 유화 왁스 5g

수상층 – 라벤더 워터 70g

첨가물 – 히아루론산 5g, 세라마이드 5g, 알란토인 1g, 비타민E 1g

에센셜 오일 – 라벤더 5방울, 진저릴리 앱솔루트 2방울

 **만들기**

1 250ml 유리 비커에 유상층의 재료를 계량하여 넣는다.

2 100ml 유리 비커에 수상층의 재료를 계량하여 넣는다.

3 ①과 ②를 각각 가열기구로 가열한다.

4 두 재료 모두 70℃가 되면 수상층을 유상층에 조심스럽게 붓는다.

5 깔끔주걱과 핸드 블렌더를 함께 사용하여 잘 섞는다.

6 걸쭉해지면 첨가물과 에센셜 오일을 넣고 잘 섞는다.

7 소독한 용기에 담고 라벨을 붙인다.

로터스 수분크림

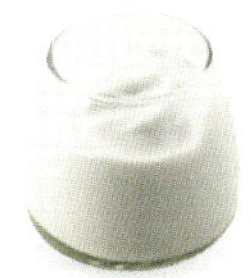

라벤더 로션과 함께 사용하면 효과를 높일 수 있는 크림 레시피다. 수분을 잃고 푸석푸석해진 피부에 사용하면 빠르게 윤기를 회복시킨다. 출산 직후의 산모를 위한 레시피인 만큼, 자극이 없고 순해서 좋다.

 **재료**

유상층 – 시어 버터 15g, 로터스 오일 10g, 올리브 유화 왁스 5g
수상층 – 라벤더 워터 40g
첨가물 – 알로에 베라 젤 20g, 세라마이드 5g, 글리세린 5g
에센셜 오일 – 라벤더 4방울, 블루 로터스 앱솔루트 2방울

 **만들기**

1 250ml 유리 비커에 유상층의 재료를 계량하여 넣는다.

2 100ml 유리 비커에 수상층의 재료를 계량하여 넣는다.

3 ①과 ②를 각각 가열기구로 가열한다.

4 두 재료 모두 70℃가 되면 수상층을 유상층에 붓는다.

5 깔끔주걱과 핸드 블렌더를 함께 사용하여 잘 섞는다.

6 걸쭉해지면 첨가물과 에센셜 오일을 넣고 잘 섞는다.

7 소독한 용기에 담고 라벨을 붙인다.

로즈 미백 크림

임신으로 인해 얼굴의 주근깨나 기미 등이 짙어졌다면 가급적 빨리 관리해야 한다. 이때는 화이텐스나 알부틴 같은 기능성 첨가물을 사용하여 화이트닝 효과를 최대화하는 것이 좋다.

 **재료**

유상층 – 비정제 로즈힙 시드 오일 20g, 녹차씨 오일 5g, 올리브 유화 왁스 7g

수상층 – 로즈 워터 50g, 상백피 추출물 5g

첨가물 – 세라마이드 10g, 알부틴 1g, 화이텐스 1g

에센셜 오일 – 로즈 5방울, 로즈우드 3방울, 제라늄 2방울

 **만들기**

1 250㎖ 유리 비커에 유상층의 재료를 계량하여 넣는다.

2 100ml 유리 비커에 수상층의 재료를 계량하여 넣는다.

3 ①과 ②를 각각 가열기구로 가열한다.

4 두 가지 재료 모두 70℃가 되면 수상층을 유상층에 붓는다.

5 깔끔주걱과 핸드 블렌더를 함께 사용하여 잘 섞는다.

6 걸쭉해지면 첨가물과 에센셜 오일을 넣고 잘 섞는다.

7 소독한 용기에 담고 라벨을 붙인다.

코엔자임 리프팅 에센스

출산 이후의 몸은 이미 예전과는 다르다. 온몸의 근육과 피부가 탄력을 잃고 늘어지기 쉬우므로 최대한 빨리 탄력을 되찾아야 한다. 피부의 탄력을 되찾아 날씬한 얼굴 라인을 만들어주는 리프팅 에센스를 활용해보자.

 ## 재료

기본 재료 – 알로에 베라 젤 40g

플로랄 워터 – 로즈 워터 20g

식물성 오일 – 아르간 오일 5g

첨가물 – 콜라겐 10g, 엘라스틴 5g, 세라마이드 15g, EGF 1g, 코엔자임 Q10 1g

에센셜 오일 – 로즈 1방울, 클라리세이지 3방울, 프랑킨센스 2방울

 ## 만들기

1 사용할 도구와 용기를 에탄올로 가볍게 소독한나.

2 250ml 유리 비커에 알로에 베라 젤과 로즈 워터, 아르간 오일을 계량하여 넣는다.

3 첨가물과 에센셜 오일을 넣고 핸드 블렌더로 잘 섞는다.

4 소독한 용기에 담고 라벨을 붙인다.

카렌듈라 수분팩

기초 화장품만으로 만족스러운 결과를 느낄 수 없다면 팩을 사용하는 것이 가장 좋다. 팩은 단시간 내에 집중적으로 피부에 수분과 영양을 공급해주므로 일주일에 한 두 번 정도 사용하면 빠른 회복 효과를 기대할 수 있다.

 **재료**

기본 재료 - 알로에 베라 젤 70g

식물성 오일 - 카렌듈라 허브 10g

첨가물 - 세라마이드 10g, 히아루론산 10g, 모이스틴 10g, 알란토인 1g

에센셜 오일 - 라벤더 5방울, 로만 캐모마일 5방울, 린덴 블러섬 앱솔루트 2방울

 **만들기**

1 사용할 도구와 용기를 에탄올로 가볍게 소독한다.

2 250ml 유리 비커에 알로에 베라 젤을 계량하여 넣는다.

3 첨가물과 에센셜 오일을 넣고 핸드 블렌더로 잘 섞는다.

4 카렌듈라 허브를 넣고 뭉치지 않도록 잘 섞는다.

5 소독한 용기에 담고 라벨을 붙인다.

 **Tip!** 세안 후 스킨만 바른 상태에서 팩을 적당량 발라 3~5분간 가볍게 마사지한다. 5분 정도 경과한 뒤 미온수로 씻어낸다.

Réservez à
vos amis le meilleur
des accueils avec
des gâteaux délicieux!

감초 마사지 팩

알로에는 피부 부작용이 적고 미백 효과가 뛰어나 임신으로 인한 색소침착에도 좋다. 특히 팩으로 활용하면 단시간 내에 피부를 환하게 밝혀주기 때문에 출산으로 인한 우울증까지 단번에 날려준다.

 **재료**

기본 재료 – 알로에 베라 젤 70g

첨가물 – 세라마이드 10g, 히아루론산 10g, 알부틴 1g, 비타민C 파우더 1g, 감초 추출물 10g

에센셜 오일 – 프랭킨센스 5방울, 제라늄 5방울, 오렌지 10방울

 **만들기**

1 사용할 도구와 용기를 에탄올로 가볍게 소독한다.

2 250ml 유리 비커에 알로에 베라 젤을 계량하여 넣는다.

3 첨가물과 에센셜 오일을 넣고 핸드 블렌더로 잘 섞는다.

4 소독한 용기에 담고 라벨을 붙인다.

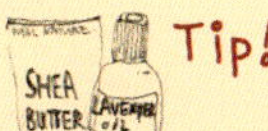

세안 후 스킨만 바른 상태에서 마사지 팩을 적당량 발라 3~5분간 가볍게 마사지한다. 5분 정도 경과한 뒤 미온수로 씻어낸다.

시어 버터 립밤

출산과 육아로 인해 수면이 부족하고 피로가 쌓이면 입술이 건조하고 거칠어진다. 입술 피부는 한 번 손상되면 회복되기 어려우므로 미리 관리하는 것이 좋다. 립밤 하나만 잘 발라도 입술이 건조해지는 것을 막을 수 있다.

재료

기본 재료 – 시어 버터 20g
유화제 – 비정제 비즈 왁스 5g
식물성 오일 – 호호바 오일 5g, 타마누 오일 15g
첨가물 – 비타민E 1g
에센셜 오일 – 그레이프 프루트 3방울

만들기

1. 사용할 도구와 용기를 에탄올로 가볍게 소독한다.
2. 100ml 유리 비커에 시어 버터와 식물성 오일, 에센셜 오일을 계량하여 넣는다.
3. 비정제 비즈 왁스를 넣고 가열기구로 녹인다.
4. 다 녹으면 약간 식힌 후 비타민E를 넣고 잘 섞는다.
5. 소독한 용기에 담고 라벨을 붙인다.

Chapter 2

임신의 흔적을 지워주는 복부&하체 케어

로즈힙 탄력 오일

출산 후 탄력을 잃고 늘어진 복부는 가장 큰 고민거리다. 복부를 임신 전과 같은 상태로 되돌리려면 초인적인 노력이 필요하다. 하지만 출산 직후에는 건강 회복이 우선인 만큼, 탄력 오일을 사용하는 정도에서 만족해야 한다.

 **재료**

베이스 오일 – 로즈힙 시드 오일 30ml, 아르간 오일 60ml, 윗점 오일 10ml

첨가물 – 비타민E 1g

에센셜 오일 – 로즈 4방울, 프랭킨센스 10방울, 제라늄 10방울

 **만들기**

1 사용할 도구와 용기를 에탄올로 가볍게 소독한다.

2 250ml 유리 비커에 베이스 오일을 계량하여 넣는다.

3 비타민E와 에센셜 오일을 첨가하여 잘 섞는다.

4 소독한 용기에 담고 라벨을 붙인다.

텐저린 미백 크림

임신 중에는 배꼽을 중심으로 위아래로 길게 임신선이 생기게 된다. 검은빛을 띠는 이 선은 출산 이후 천천히 사라지는데, 화이트닝 크림을 꾸준히 사용하면 훨씬 더 빨리 깨끗한 피부를 되찾을 수 있다.

재료

유상층 - 녹차씨 오일 15g, 시어 버터 10g, 올리브 유화 왁스 7g
수상층 - 라벤더 플로랄 워터 50g, 상백피 추출물 5g
첨가물 - 알부틴 1g, 화이텐스 1g, 히아루론산 10g
에센셜 오일 - 오렌지 10방울, 텐저린 10방울, 레몬 20방울

만들기

1 250ml 유리 비커에 유상층의 재료를 계량하여 넣는다.

2 100ml 유리 비커에 수상층의 재료를 계량하여 넣는다.

3 ①과 ②를 각각 가열기구로 가열한다.

4 두 재료 모두 70℃가 되면 수상층을 유상층에 붓는다.

5 깔끔주걱과 핸드 블렌더를 함께 사용하여 잘 섞는다.

6 걸쭉해지면 첨가물과 에센셜 오일을 넣고 잘 섞는다.

7 소독한 용기에 담고 라벨을 붙인다.

안티 스크래치 크림 

임신 중에는 복부에서 허벅지와 엉덩이, 가슴, 어깨 등에 튼살이 생긴다. 특히 하복부에 생기는 튼살은 출산 후에도 좀체 없어지지 않아 고민거리가 된다. 안티 스크래치 크림을 사용하면 조금이나마 튼살을 완화시킬 수 있다.

 ### 재료

유상층 – 시어 버터 10g, 비정제 로즈힙 시드 오일 10g, 아르간 오일 10g, 올리브 유화 왁스 7g

수상층 – 라벤더 플로랄 워터 50g, 상백피 추출물 5g

첨가물 – 알부틴 1g, 화이텐스 1g, 세라마이드 10g

에센셜 오일 – 만다린 20방울, 텐저린 10방울, 네롤리 10방울

 ### 만들기

1 250ml 유리 비커에 유상층의 재료를 계량하여 넣는다.

2 100ml 유리 비커에 수상층의 재료를 계량하여 넣는다.

3 ①과 ②를 각각 가열기구로 가열한다.

4 두 재료 모두 70℃가 되면 수상층을 유상층에 붓는다.

5 깔끔주걱과 핸드 블렌더를 함께 사용하여 잘 섞는다.

6 걸쭉해지면 첨가물과 에센셜 오일을 넣고 잘 섞는다.

7 소독한 용기에 담고 라벨을 붙인다.

디톡스 보디크림

슬리밍 효과가 있는 보디크림을 사용하면 수분을 보완하고 지방을 분해하는 효과를 기대할 수 있다. 단시간 동안 체중이 급격히 불어나면서 거칠고 울퉁불퉁해진 피부를 진정시켜주는 임산부 전용 슬리밍 크림 레시피다.

 **재료**

유상층 – 엑스트라 버진 올리브 오일 15g, 시어 버터 10g, 골든 호호바 오일 5g, 올리브 유화 왁스 6g

수상층 – 알로에 베라 워터 50g

첨가물 – 알로에 베라 젤 10g, 히아루론산 5g

에센셜 오일 – 사이프러스 15방울, 로즈마리 10방울, 주니퍼 베리 15방울

 **만들기**

1 250ml 유리 비커에 유상층의 재료를 계량하여 넣는다.

2 100ml 유리 비커에 수상층의 재료를 계량하여 넣는다.

3 ①과 ②를 각각 가열기구로 가열한다.

4 두 재료 모두 70℃가 되면 수상층을 유상층에 붓는다.

5 깔끔주걱과 핸드 블렌더를 함께 사용하여 잘 섞는다.

6 걸쭉해지면 첨가물과 에센셜 오일을 넣고 잘 섞는다.

7 소독한 용기에 담고 라벨을 붙인다.

...ing Everyday
Milk
REFRESHING
HEALTH

안티 셀룰라이트 젤

출산 후에는 임신 중에는 잘 보이지 않았던 셀룰라이트가 여기저기 뭉쳐 있는 것이 보인다. 특히 허벅지는 피부 트러블도 동반되는 경우가 많아 심각하다. 셀룰라이트 전문 제품으로 부드럽게 마사지해보자.

 **재료**

수상층 – 알로에 베라 젤 80g

유상층 – 녹차씨 오일 10g

첨가물 – 실크 아미노산 5g, 세라마이드 5g, 코엔자임 Q10 1g

에센셜 오일 – 주니퍼 베리 15방울, 사이프러스 15방울, 그레이프 프루트 30방울

 **만들기**

1 사용할 도구의 용기를 에탄올로 가볍게 소독한다.

2 250ml 유리 비커에 알로에 베라 젤과 녹차씨 오일을 계량하여 넣는다.

3 첨가물과 에센셜 오일을 넣고 핸드 블렌더로 잘 섞는다.

4 소독한 용기에 담고 라벨을 붙인다.

주니퍼 베리 마사지 젤

굵어진 허벅지가 고민이라면 피하지방을 부드럽게 풀어서 배출되기 쉬운 상태로 만들어주는 마사지 젤을 활용하면 좋다. 날마다 샤워 직후 허벅지를 마사지하면 어느새 허벅지가 매끄러워져 있는 것을 느낄 수 있다.

 **재료**

기본 재료 - 알로에 베라 젤 80g

첨가물 - 세라마이드 10g, 히아루론산 10g

에센셜 오일 - 그레이프 프루트 20방울, 주니퍼 베리 20방울, 사이프러스 20방울

 **만들기**

1 사용할 도구와 용기를 에탄올로 가볍게 소독한다.

2 250ml 유리 비커에 알로에 베라 젤과 첨가물을 계량하여 핸드 블렌더로 잘 섞는다.

3 에센셜 오일을 넣고 잘 섞는다.

4 소독한 용기에 담고 라벨을 붙인다.

Chapter 3

상쾌하고 개운한 느낌을 만드는 보디 케어

로즈 보디로션

임신과 출산으로 탄력이 떨어진 전신의 피부를 빠르게
회복시켜주며 피부의 재생을 도와 피부 나이를 되돌려
준다. 매끄러운 피부를 위해 출산 직후부터 적극적으로
관리해야 한다.

 ## 재료

유상층 – 달맞이꽃 10g, 비정제 로즈힙 시드 오일 10g, 아르간 오일
5g, 올리브 유화 왁스 5g

수상층 – 로즈 워터 50g

첨가물 – EGF 1g, 코엔자임 Q10 1g, 콜라겐 10g, 글리세린 3g, 세라
마이드 5g, 비타민E 1g

에센셜 오일 – 로즈우드 4방울, 제라늄 8방울, 로즈 5% 12방울

 ## 만들기

1 250ml 유리 비커에 유상층의 재료를 계량하여 넣는다.

2 100ml 유리 비커에 수상층의 재료를 계량하여 넣는다.

3 ①과 ②를 각각 가열기구로 가열한다.

4 두 재료 모두 70℃가 되면 수상층을 유상층에 붓는다.

5 깔끔주걱과 핸드 블렌더를 함께 사용하여 잘 섞는다.

6 걸쭉해지면 첨가물과 에센셜 오일을 넣고 잘 섞는다.

7 소독한 용기에 담고 라벨을 붙인다.

라벤더 보디로션

라벤더는 마음을 편안하게 해주고 숙면을 유도하는 효과가 있는 재료다. 특히 출산 후에 우울증을 겪고 있다면 샤워 후 라벤더 보디로션을 사용하면 좋다. 불면증에도 특효가 있어 저녁에 사용하면 효과적이다.

 **재료**

유상층 – 아르간 오일 12g, 녹차씨 오일 8g, 아몬드 버터 7g, 올리브 유화 왁스 5g

수상층 – 라벤더 워터 65g

첨가물 – 세라마이드 5g, 히아루론산 5g, 비타민E 1g

에센셜 오일 – 재스민 1방울, 라벤더 15방울, 클라리세이지 8방울

 **만들기**

1 250ml 유리 비커에 유상층의 재료를 계량하여 넣는다.

2 100ml 유리 비커에 수상층의 재료를 계량하여 넣는다.

3 ①과 ②를 각각 가열기구로 가열한다.

4 두 가지 재료 모두 70℃가 되면 수상층을 유상층에 붓는다.

5 깔끔주걱과 핸드 블렌더를 함께 사용하여 잘 섞는다.

6 걸쭉해지면 첨가물과 에센셜 오일을 넣고 잘 섞는다.

7 소독한 용기에 담고 라벨을 붙인다.

재스민 보디로션

출산 뒤에는 '베이비블루'라 하여 산후우울증을 겪을 수 있다. 이때는 무엇보다 본인 스스로 엄마라는 자부심을 갖고 마음을 조절하려는 노력을 해야 한다. 다양한 효능이 있는 천연재료들을 활용하면 도움이 된다.

 **재료**

유상층 – 달맞이꽃 종자 오일 12g, 골든 호호바 오일 10g, 올리브 유화 왁스 3g

수상층 – 재스민 워터 60g

첨가물 – 세라마이드 10g, 알로에 베라 젤 5g

에센셜 오일 – 재스민 1방울, 만다린 15방울, 샌들우드 2방울

 **만들기**

1 250ml 유리 비커에 유상층의 재료를 계량하여 넣는다.

2 100ml 유리 비커에 수상층의 재료를 계량하여 넣는다.

3 ①과 ②를 각각 가열기구로 가열한다.

4 두 가지 재료 모두 70℃가 되면 수상층을 유상층에 붓는다.

5 깔끔주걱과 핸드 블렌더를 함께 사용하여 잘 섞는다.

6 걸쭉해지면 첨가물과 에센셜 오일을 넣고 잘 섞는다.

7 소독한 용기에 담고 라벨을 붙인다.

아르간 보디크림

출산 후 회복기에는 내 몸은 물론 아기 돌보는 일도 힘들어서 몸 관리에도 소홀해진다. 하지만 지친 몸은 시간이 갈수록 회복하기 더욱 어렵다. 건조하고 탄력이 떨어진 피부에 활력을 불어넣는 레시피를 소개한다.

 **재료**

유상층 – 아르간 오일 10g, 호호바 오일 10g, 마카다미아넛 오일 10g, 올리브 유화 왁스 6g

수상층 – 로즈 플로랄 워터 45g

첨가물 – EGF 2g, 세라마이드 10g, 콜라겐 10g

에센셜 오일 – 제라늄 5방울, 로즈우드 7방울, 로즈 8방울

 **만들기**

1 250ml 유리 비커에 유상층의 재료를 계량하여 넣는다.

2 100ml 유리 비커에 수상층의 재료를 계량하여 넣는다.

3 ①과 ②를 각각 가열기구로 가열한다.

4 두 가지 재료 모두 70℃가 되면 수상층을 유상층에 붓는다.

5 깔끔주걱과 핸드 블렌더를 함께 사용하여 잘 섞는다.

6 걸쭉해지면 첨가물과 에센셜 오일을 넣고 잘 섞는다.

7 소독한 용기에 담고 라벨을 붙인다.

달맞이꽃 마사지 오일

가벼운 마사지만으로도 피부가 한결 촉촉하고 부드러워
지는 것을 느낄 수 있다. 이 마사지 오일은 만들기는 간단
하지만 효과는 뛰어나서 산모는 물론, 집안일이나 업무
로 피로할 때도 시도해볼 만하다.

 **재료**

베이스 오일 – 달맞이꽃 종자 오일 60ml, 호호바 오일 30ml, 윗점 오일
10ml

에센셜 오일 – 클라리세이지 10방울, 네롤리 10방울, 만다린 10방울,
그레이프 프루트 10방울

 **만들기**

1 사용할 도구와 용기를 에탄올로 가볍게 소독한다.

2 250ml 유리 비커에 베이스 오일의 재료를 계량하여 넣는다.

3 에센셜 오일을 넣고 잘 섞는다.

4 소독한 용기에 넣고 라벨을 붙인다.

클라리세이지 마사지 오일 

생리통은 겪어보지 않은 사람은 모르는 여자만의 고통이다. 출산 뒤에는 없던 생리통이 생기거나 생리의 양에 변화가 생기기도 한다. 생리통이 심할 때 허리와 복부, 골반 부위를 마사지하면 효과적인 레시피를 소개한다.

 **재료**

베이스 오일 – 아르니카 인퓨즈드 오일 30ml, 스위트 아몬드 오일 20ml, 호호바 오일 50ml

첨가물 – 비타민E 1g

에센셜 오일 – 사이프러스 15방울, 클라리세이지 20방울, 로만 캐모마일 10방울

 **만들기**

1 사용할 도구와 용기를 에탄올로 가볍게 소독한다.

2 250㎖ 유리 비커에 베이스 오일의 재료를 계량하여 넣는다.

3 비타민E와 에센셜 오일을 첨가하여 잘 섞는다.

4 소독한 용기에 담고 라벨을 붙인다.

어성초 마사지 팩

임신이나 출산 때문에 생긴 피부 트러블을 진정시키기 위해서는 특별한 처방이 필요하다. 이때 필요한 것이 팩이다. 팩은 전신을 다 해도 좋고, 팔이나 가슴, 허벅지 등 유난히 트러블이 심한 부위를 부분적으로 해도 좋다.

 ## 재료

기본 재료 - 그린 클레이 30g, 어성초 분말10g, 카렌듈라 분말 10g

플로랄 워터 - 라벤더 워터 약간

첨가물 - 히아루론산 5g, 세라마이드 5g, 알로에 베라 젤 20g, 알란토인 1g

에센셜 오일 - 티트리 10방울, 라벤더 10방울

 ## 만들기

1 사용할 도구와 용기를 에탄올로 가볍게 소독한다.

2 250ml 유리 비커에 그린 클레이와 카렌듈라 분말, 어성초 분말을 계량하여 넣는다.

3 첨가물과 에센셜 오일을 차례대로 넣고 잘 섞는다.

4 라벤더 워터로 팩을 할 수 있을 정도의 농도로 맞춘다.

5 소독한 용기에 담고 라벨을 붙인다.

살구씨 샤워 오일

샤워오일을 사용하면 별도의 마사지 없이도 간편하게 촉촉한 피부를 유지할 수 있다. 가볍게 샤워를 한 뒤 몸에 물기가 남아 있을 때 샤워오일로 마사지를 한 다음 따뜻한 물로 씻어낸다.

 ## 재료

식물성 오일 – 스위트 아몬드 오일 90ml, 살구씨 오일 60ml

가용화제 – 올리브 리퀴드 50ml

에센셜 오일 – 로즈마리 40방울, 진저 5방울, 마조람 30방울

 ## 만들기

1 사용할 도구와 용기를 에탄올로 가볍게 소독한다.

2 250ml 유리 비커에 베이스 오일과 올리브 리퀴드를 계량하여 넣는다.

3 에센셜 오일을 넣고 잘 섞는다.

4 소독한 용기에 담고 라벨을 붙인다.

페퍼민트 보디클렌저

출산 후 몸을 따뜻하게 해야 하기 때문에 몸 이곳저곳에 땀이 맺히게 된다. 호르몬의 급격한 변화로 인해 땀 냄새에도 예민해지므로 꼼꼼한 관리가 필요하다. 천연 보디클렌저를 이용해 쉽고 간편하게 땀 냄새를 없앤다.

 ## 재료

페이스트

설탕 용액 – 설탕 54g, 설탕 녹일 증류수 324g

가성가리 용액 – 가성가리(순도 95%) 142g, 가성가리 녹일 증류수 142g

베이스 오일 – 비정제 코코넛 오일 300g, 피마자 오일 100g, 녹차씨 오일 100g, 올리브 오일 100g

보디클렌저

플로랄 워터 – 페이스트와 같은 양의 페퍼민트 워터

첨가물 – 보디클렌저 100ml당 녹차 추출물 3ml

에센셜 오일 – 보디클렌저 100ml당 페퍼민트 10방울, 만다린 15방울, 유칼립투스 10방울

 ## 만들기

1 끓는 증류수에 설탕을 녹인 뒤 밀봉하여 사용할 때까지 별도로 보관한다. 가성가리도 증류수에 넣어 녹인다.

2 베이스 오일(지방산 유지)을 75~80℃까지 가열한 다음 가성가리 용액을 넣는다. 이때 트레이스 상태를 많이 진행시켜 걸쭉하게 만든다.

3 ①에서 만든 설탕 용액을 70~80℃까지 가열한 다음 비누액을 넣는다.

4 하루가 지난 뒤 비누액을 중불에 중탕하며 데우다 증류수를 넣어서 희석한다. 증류수를 넣을 때는 커피잔으로 반 컵 정도 먼저 넣어서 섞은 다음 농도를 조정한다.

5 pH페이퍼로 산도를 측정하여 산도가 9 미만인지 확인한다. 이때 산도가 10이 넘으면 중화제를 넣어서 중화시킨다.

6 에센셜 오일, 보존제, 색소 등 원하는 첨가물을 넣는다.

7 완성된 보디클렌저를 예쁜 용기에 담는다.

살구씨 각질제거제

임신 중에는 입욕이 제한적이기 때문에 몸에 묵은 때가 쌓이기 쉽다. 특히 몸 구석구석에 쌓인 각질은 피로를 야기하고 피부를 칙칙하게 만든다. 목욕할 때 발이나 팔꿈치에서 온몸의 각질을 부드럽게 제거해주는 것이 좋다.

 **재료**

기본 재료 – 카렌듈라 허브 10g, 살구씨 분말 10g, 화이트 클레이 30g, 탄산수소나트륨 40g

에센셜 오일 – 라벤더 10방울, 네롤리 5방울, 오렌지 20방울, 유칼립투스 15방울

 **만들기**

1 사용할 도구와 용기를 에탄올로 가볍게 소독한다.

2 250ml 유리 비커에 화이트 클레이와 살구씨 분말, 탄산수소나트륨을 계량하여 넣는다.

3 에센셜 오일과 카렌듈라 허브를 넣고 잘 섞는다.

4 소독한 용기에 담고 라벨을 붙인다.

팥&알로에 각질제거제

팥과 알로에는 피부에 쌓인 노폐물을 제거하고 피부색
을 밝게 만들어주는 재료로 잘 알려져 있다. 샤워할 때 사
용하면 각질 제거는 물론 피부를 환하게 밝혀줘 기분까
지 상쾌하게 만든다.

 **재료**

기본 재료 - 팥 분말 100g, 알로에 베라 젤 100g, 화이트 클레이 5g
에센셜 오일 - 레몬 2ml, 그레이프 프루트 1ml, 오렌지 1ml

 **만들기**

1 사용할 도구와 용기를 에탄올로 가볍게 소독한다.

2 믹싱볼에 팥 분말과 화이트 클레이를 넣고 잘 섞는다.

3 알로에 베라 젤을 넣고 뭉치지 않도록 잘 섞는다.

4 에센셜 오일을 넣고 잘 섞어준다.

5 소독한 용기에 담고 라벨을 붙인다.

오렌지 아로마 솔트

항문과 질의 건강을 되찾는 데는 좌욕만한 것이 없기 때문에 출산 뒤에는 시간이 날 때마다 해주는 것이 좋다. 이때 질 좋은 소금을 활용하면 좋은데, 사해소금으로 만든 아로마 솔트가 최고의 효과를 낸다.

 **재료**

기본 재료 – 사해소금 300g
에센셜 오일 – 오렌지 1ml, 네롤리 1ml

 **만들기**

1 사용할 도구와 용기를 에탄올로 가볍게 소독한다.

2 믹싱볼에 사해소금을 넣고 잘 섞는다.

3 에센셜 오일을 넣고 뭉치지 않도록 잘 섞는다.

4 소독한 용기에 담고 라벨을 붙인다.

Chapter 4

산후우울증을 시원하게 날려주는 천연입욕제

페퍼민트 입욕제

페퍼민트의 상쾌한 향과 다양한 효능을 활용한 입욕제다. 페퍼민트는 묵직한 컨디션을 호전시켜주며 스트레스에 대응할 수 있는 힘을 불어넣어주기 때문에 기분이 저조할 때 사용하면 아주 좋은 천연재료다.

 **재료**

기본 재료 – 탄산수소나트륨 200g, 구연산 100g
분사액 – 페퍼민트 워터 스프레이
첨가물 – 페퍼민트 허브 3g
에센셜 오일 – 페퍼민트 20방울, 로즈마리 20방울, 레몬 20방울

 **만들기**

1 사용할 도구와 용기를 에탄올로 가볍게 소독한다.

2 믹싱볼에 구연산과 탄산수소나트륨을 넣고 잘 섞는다.

3 에센셜 오일을 넣고 뭉치지 않게 잘 섞는다.

4 페퍼민트 워터 스프레이를 분사하여 입욕제 반죽이 잘 뭉쳐지도록 만든다.

5 모양을 내어 페퍼민트 허브(말린 것)로 장식한다.

일랑일랑 입욕제

일랑일랑은 전 세계 여성들에게 사랑받는 천연재료로, 향수에도 많이 사용된다. 산후우울증이 있을 때 일랑일랑을 재료로 한 입욕제로 목욕을 하면 기분이 한결 상쾌해진다. 작은 노력이 큰 변화를 만든다는 것을 기억하라.

 **재료**

기본 재료 – 탄산수소나트륨 200g, 구연산 100g
분사액 – 일랑일랑 워터 스프레이
첨가물 – 재스민 허브 3g
에센셜 오일 – 일랑일랑 15방울, 로즈 5방울, 클라리세이지 20방울

 **만들기**

1 사용할 도구와 용기를 에탄올로 가볍게 소독한다.

2 믹싱볼에 구연산과 탄산수소나트륨을 넣고 잘 섞어준다.

3 에센셜 오일을 넣어 뭉치지 않게 잘 섞어준다.

4 일랑일랑 워터 스프레이를 분사하여 입욕제 반죽이 잘 뭉쳐지도록 만든다.

5 재스민 허브(말린 것)로 장식해 모양을 낸다.

로즈 입욕제

그냥 꽃잎을 사용해도 되지만, 시중에서 판매하는 꽃은
약품처리를 많이 하기 때문에 위험할 수 있다. 에센셜 오
일과 드라이플라워를 활용해서 만든 입욕제를 사용하면
훨씬 더 우아한 향과 약리 작용을 느낄 수 있다.

 ## 재료

기본 재료 – 구연산 100g, 탄산수소나트륨 200g
분사액 – 로즈 워터 스프레이
첨가물 – 로즈 허브 5g
에센셜 오일 – 로즈 3ml, 클라리세이지 1ml, 프랭킨센스 1ml

 ## 만들기

1 사용할 도구와 용기를 에탄올로 가볍게 소독한다.

2 믹싱볼에 구연산과 탄산수소나트륨을 넣고 잘 섞어준다.

3 에센셜 오일을 넣어 뭉치지 않게 잘 섞는다.

4 로즈 워터 스프레이를 분사하여 입욕제 반죽이 잘 뭉쳐지
   도록 만든다.

5 모양을 만들고 로즈 허브(말린 것)로 장식한다.

라벤더 입욕제

라벤더는 목욕용 레시피에 많이 사용되는 천연재료다.
그만큼 릴렉싱 효과가 큰 재료이기 때문인데, 드라이플
라워로 장식해서 만들면 보기에도 예쁘고, 입욕 시 긴장
감을 풀어준다.

 ## 재료

기본 재료 – 탄산수소나트륨 200g, 구연산 100g
분사액 – 라벤더 워터 스프레이
첨가물 – 라벤더 허브 3g
에센셜 오일 – 라벤더 20방울, 마조람 10방울, 로만 캐모마일 10방울

 ## 만들기

1 사용할 도구와 용기를 에탄올로 가볍게 소독한다.

2 믹싱볼에 구연산과 탄산수소나트륨을 넣고 잘 섞는다.

3 에센셜 오일을 넣어 뭉치지 않게 잘 섞는다.

4 라벤더 워터 스프레이를 분사하여 입욕제 반죽이 잘 뭉쳐
지도록 만든다.

5 모양을 낸 뒤 라벤더 허브(말린 것)로 장식한다.

주니퍼 베리 입욕제

임신 기간 동안 방심하면 몸 여기저기에 셀룰라이트가
자리잡힌다. 이 지방 덩어리를 방치하면 나중에는 해소
하기가 더 힘들어진다. 출산 직후부터 마사지를 시작해
뭉친 지방을 풀어내고 군더더기 지방을 제거하자.

재료

기본 재료 – 사해소금 300g, 그린 클레이 50g, 멘톨 1g
에센셜 오일 – 주니퍼 베리 2ml, 사이프러스 1ml, 그레이프 프루트 3ml

만들기

1 사용할 도구와 용기를 에탄올로 가볍게 소독한다.

2 믹싱볼에 사해소금과 그린 클레이, 멘톨을 믹싱볼에 넣고
 잘 섞는다.

3 에센셜 오일을 넣고 뭉치지 않도록 잘 섞는다.

4 소독한 용기에 담고 라벨을 붙인다.

Tip! 바스솔트를 한 줌 덜어서 목욕물에 넣고 잘 풀어준 다음
15~20분간 입욕한다. 욕조에 풀기 전에 셀룰라이트가 많은 부위를
가볍게 마사지해주면 더욱 좋다.

팻다운 입욕제

향과 함께 목욕의 즐거움을 느끼고 지방 분해에도 도움
이 된다면 더 이상 바랄 게 없을 것이다. 이 레시피를 활
용하면 온몸이 묵직하고 뻐근한 느낌이 가볍게 해소되
어 기분이 한결 산뜻해지는 것을 느낄 수 있다.

 ## 재료

기본 재료 – 탄산수소나트륨 200g, 구연산 100g, 사해소금 100g
분사액 – 위치헤이즐 워터 스프레이
에센셜 오일 – 사이프러스 2ml, 주니퍼 베리 2ml, 제라늄 1ml

 ## 만들기

1 사용할 도구와 용기를 에탄올로 가볍게 소독한다.

2 믹싱볼에 구연산과 탄산수소나트륨을 넣고 잘 섞어준다.

3 에센셜 오일을 넣어 뭉치지 않게 잘 섞는다.

4 위치헤이즐 워터 스프레이를 분사하여 입욕제 반죽이 잘
  뭉쳐지도록 만든다.

5 모양을 내어 사해소금으로 장식한다.

클라리세이지 입욕제

라벤더는 생리 기능을 활성화시키는 효능을 갖고 있기
때문에 출산 후 사용하면 아주 좋은 재료다. 특히 입욕제
로 사용하면 따뜻한 물과 함께 온몸 구석구석에 효능이
전달되어 몸이 따뜻해지면서 편안한 기분이 든다.

 **재료**

기본 재료 – 탄산수소나트륨 200g, 구연산 100g
분사액 – 라벤더 워터 스프레이
첨가물 – 라벤더 허브 3g
에센셜 오일 – 라벤더 3ml, 클라리세이지 1ml, 쥬니퍼 베리 10방울

 **만들기**

1 사용할 도구와 용기를 에탄올로 가볍게 소독한다.

2 미싱볼에 구연산과 탄산수소나트륨을 넣고 잘 섞는다.

3 에센셜 오일을 넣어 뭉치지 않게 잘 섞는다.

4 라벤더 워터 스프레이를 분사하여 입욕제 반죽이 잘 뭉쳐
  지도록 만든다.

5 모양을 낸 뒤 라벤더 허브(말린 것)로 장식한다.

Chapter 5

민감해진 머리를 진정시키는 모발 케어

라벤더 샴푸

머릿결을 부드럽게 가꿔주면서 마음까지 편안하게 해주는 샴푸 레시피를 소개
한다. 로즈마리는 향이 부드러워 부담이 없으면서도 두통을 완화시켜주는 효능
이 있어 헤어 케어에 활용하기에 아주 좋은 천연재료다.

 재료

페이스트

설탕 용액 – 설탕 54g, 설탕 녹일 증류수 324g

가성가리 용액 – 가성가리(순도 97%) 141g, 가성가리 녹일 증류수 141g

베이스 오일 – 비정제 코코넛 오일 300g, 동백 오일 100g, 아보카도 오일 100g, 피마자 오일 100g

샴푸

기본 재료 – 페이스트와 같은 양의 로즈마리 워터

첨가물 – 샴푸 100ml당 에스피노질리아 1ml, 민트 입욕제 1g

에센셜 오일 – 샴푸 100ml당 라벤더 10방울, 로만 캐모마일 3방울, 페티그레인 7방울

 만들기

1 끓는 증류수에 설탕을 녹인 뒤 밀봉하여 사용할 때까지 별도로 보관한다. 가성가리도 증류수에 넣어 녹인다.

2 베이스 오일을 75~80℃까지 가열한 다음 가성가리 용액을 넣는다. 이때 트레이스 상태를 많이 진행시켜 걸쭉하게 만든다.

3 ①에서 만든 설탕 용액을 70~80℃까지 가열한 다음 비누액을 넣는다.

4 하루가 지난 뒤 비누액을 중불에 중탕하며 데워 증류수를 넣어서 희석한다. 증류수를 넣을 때는 커피잔으로 반 컵 정도 먼저 넣어서 섞은 다음 농도를 조정한다.

5 pH페이퍼로 산도를 측정하여 산도가 9 미만인지 확인한다. 이때 산도가 10이 넘으면 중화제를 넣어서 중화시킨다.

6 원하는 에센셜 오일, 보존제, 색소 등을 넣는다.

7 완성된 샴푸를 예쁜 용기에 담는다.

로즈마리 린스

천연의 샴푸와 린스를 함께 사용하면 머릿결에 더욱 풍부한 향과 윤기를 더할 수 있다. 이 레시피는 윤기를 더해 거칠어진 머리카락을 관리하는 데 효과적이다. 꾸준히 사용하여 건강한 머릿결을 만들어보자.

 **재료**

기본 재료 - 로즈마리 워터 200g, 구연산 50g
첨가물 - 글리세린 10g, 케라틴 5g, 헤나 추출물 2g, 에스피노질리아 3g
에센셜 오일 & 가용화제 - 로즈마리 10방울, 올리브 리퀴드 10방울

 **만들기**

1 500ml 유리 비커에 로즈마리 워터를 계량하여 넣는다.
2 여기에 구연산을 넣어 잘 섞는다.
3 다른 유리 비커에 에센셜 오일과 가용화제를 넣고 잘 섞는다.
4 ②를 ③에 넣고 잘 섞어준다.
5 글리세린과 나머지 첨가물을 넣고 잘 섞어준다.
6 소독한 용기에 담고 라벨을 붙인다.

동백 헤어 트리트먼트

다양한 기능성 첨가물을 활용하여 머릿결을 매끄러우면서 탄력 있게 가꿔주는 레시피다. 평소에 린스 대신 사용해도 좋고, 일주일에 한두 번 정도 별도의 트리트먼트 시간을 가져도 좋다. 동백 오일이 머릿결에 윤기를 더한다.

 **재료**

기본 재료 – 알로에 베라 젤 85g

베이스 오일 – 동백 오일 2g

첨가물 – 실크 아미노산 5g, 케라틴 5g, 에스피노질리아 2g, 헤나 추출물 1g

에센셜 오일 – 페퍼민트 5방울, 로즈마리 10방울, 레몬 5방울

 **만들기**

1 사용할 도구와 용기를 에탄올로 가볍게 소독한다.

2 250ml 유리 비커에 알로에 베라 젤을 계량하여 넣는다.

3 첨가물과 베이스 오일, 에센셜 오일을 넣고 핸드 블렌더로 잘 섞는다.

4 소독한 용기에 담고 라벨을 붙인다.

동백 헤어리페어 오일

출산 뒤 머릿결이 손상되었을 때 활용하면 짧은 시간 안에 효과를 볼 수 있다. 트리트먼트를 한 뒤 타월드라이를 하고 물기가 약간 남아 있을 때 머리 끝을 가볍게 두드려 발라주면 촉촉하고 부드러운 머릿결을 되살릴 수 있다.

 **재료**

베이스 오일 – 아보카도 오일 30ml, 골든 호호바 오일 40ml, 동백 오일 30ml

첨가물 – 비타민E 1g

에센셜 오일 – 제라늄 10방울, 파출리 5방울, 일랑일랑 5방울

 **만들기**

1 사용할 도구와 용기를 에탄올로 가볍게 소독한다.

2 250ml 유리 비커에 베이스 오일을 계량하여 넣는다.

3 첨가물과 에센셜 오일을 넣고 잘 섞는다.

4 소독한 용기에 담고 라벨을 붙인다.

호호바 케어 오일

출산 뒤에는 머리가 많이 빠지기 때문에 두피를 건강하
게 유지하는 것이 무척 중요하다. 머리가 가렵거나 비듬
이 생겼다면 바로 두피 관리를 해야 한다. 이때 사용하면
효과적인 두피 전용 오일 레피시를 소개한다.

 **재료**

베이스 오일 - 포도씨 오일 30ml, 호호바 오일 40ml, 카렌듈라 인퓨즈
드 오일 30ml

첨가물 - 비타민E 1g

에센셜 오일 - 로즈마리 10방울, 클라리세이지 5방울, 시더우드 5방울

 **만들기**

1 사용할 도구와 용기를 에탄올로 가볍게 소독한다.

2 250ml 유리 비커에 베이스 오일을 계량하여 넣는다.

3 첨가물과 에센셜 오일을 넣고 잘 섞는다.

4 소독한 용기에 담고 라벨을 붙인다.

손가락 끝에 마사지 오일을 바른 다음 두피를 지압하듯 눌러 작은 원을
그리며 마사지한다. 두피 전체를 꼼꼼히 마사지 하되 총 3번 반복한다.
총 마사지 시간이 5~10분 사이면 적당하다. 마사지 후 가볍게 샴푸를
하고 트리트먼트를 하는 것이 좋다.

Chapter 6

모유수유 후유증을 예방하는 가슴케어

사이프러스 마사지 젤

모유 수유를 할 때 가장 큰 어려움은 젖몸살이다. 이때는 뜨거운 수건으로 온습포를 해주고 마사지를 해줘야 한다. 알로에로 만든 젤을 사용하면 한결 쉽게 마사지를 할 수 있으며 울혈 완화 효과도 기대할 수 있다.

 **재료**

기본 재료 – 알로에 베라 젤 80g, 시어 버터 10g
첨가물 – 세라마이드 10g
에센셜 오일 – 사이프러스 5방울, 그레이프 프루트 10방울, 레몬 5방울

 **만들기**

1 사용할 도구와 용기를 에탄올로 가볍게 소독한다.

2 250ml 유리 비커에 알로에 베라 젤과 시어 버터를 계량하여 넣고 가열기구로 가열한다.

3 시어 버터가 녹으면 핸드 블렌더로 잘 섞는다.

4 첨가물과 에센셜 오일을 넣고 잘 섞는다.

5 소독한 용기에 담고 라벨을 붙인다.

아기의 수유 시간에 맞춰 사용해야 한다. 마사지 후 2시간이 지나 수유할 수 있도록 한다.

푸에라리아 탄력 크림 

임신 중에 커졌던 가슴이 출산 이후 작아지면서 처지는
것을 막기 어렵다. 게다가 모유 수유를 하면 가슴 형태가
변형되기 쉽다. 따라서 세포 재생 기능이 있는 크림으로
지속적으로 마사지를 해줘야 한다.

 ## 재료

유상층 – 푸에라리아 오일 20g, 아르간 오일 10g, 올리브 유화 왁스 7g

수상층 – 로즈 워터 50g

첨가물 – EGF 1g, 콜라겐 10g, 엘라스틴 5g

에센셜 오일 – 제라늄 5방울, 로즈 5방울, 재스민 2방울

 ## 만들기

1 250ml 유리 비커에 유상층의 재료를 계량하여 넣는다.

2 100ml 유리 비커에 수상층의 재료를 계량하여 넣는다.

3 ①과 ②를 각각 가열기구로 가열한다.

4 두 가지 재료 모두 70℃가 되면 수상층을 유상층에 붓는다.

5 깔끔주걱과 핸드 블렌더를 함께 사용하여 잘 섞는다.

6 걸쭉해지면 첨가물과 에센셜 오일을 넣고 잘 섞는다.

7 소독한 용기에 담고 라벨을 붙인다.

녹차씨 미백 크림

임신과 출산을 통해 여성의 가슴은 큰 변화를 겪게 된다. 유두와 유륜이 커지고 색깔이 짙어져 이전의 모습과 많이 달라진다. 이는 지속적인 관리를 통해 완화시킬 수 있다. 미백 효과가 있는 유두 관리용 레시피를 소개한다.

 **재료**

유상층 – 녹차씨 오일 15g, 스위트 아몬드 오일 10g, 올리브 유화 왁스 6g

수상층 – 로즈마리 워터 67g

첨가물 – 알부틴 1g, 화이텐스 1g

에센셜 오일 – 레몬 10방울, 만다린 10방울, 그레이프 프루트 10방울

 **만들기**

1 250ml 유리 비커에 유상층의 재료를 계량하여 넣는다.

2 100ml 유리 비커에 수상층의 재료를 계량하여 넣는다.

3 ①과 ②를 각각 가열기구로 가열한다.

4 두 가지 재료 모두 70℃가 되면 수상층을 유상층에 붓는다.

5 깔끔주걱과 핸드 블렌더를 함께 사용하여 잘 섞는다.

6 걸쭉해지면 첨가물과 에센셜 오일을 넣고 잘 섞는다.

7 소독한 용기에 담고 라벨을 붙인다.

코코넛 항균 물비누

아기를 돌보려면 수시로 손을 씻어야 한다. 그러다 보면 자연히 손이 거칠어지게 되는데, 이때는 엄마와 아기 모두를 위해 손 피부를 보호하고 효과적으로 세균을 제거해주는 전용 세제를 사용하는 것이 좋다.

 ## 재료

페이스트

설탕 용액 – 설탕 54g, 설탕 녹일 증류수 324g

가성가리 용액 – 가성가리(순도 97%) 141g, 가성가리 녹일 증류수 141g

베이스 오일 – 비정제 코코넛 오일 300g, 시어 버터 100g, 피마자 오일 150g, 올리브 오일 50g

물비누

첨가물 – 항균 물비누 100ml당 DF 추출물 5방울

에센셜 오일 – 항균 물비누 100ml당 유칼립투스 10방울, 티트리 10방울

 ## 만들기

1 끓는 증류수에 설탕을 녹인 뒤 밀봉하여 사용할 때까지 별도로 보관한다. 가성가리도 증류수에 넣어 녹인다.

2 베이스 오일을 75~80℃까지 가열한 뒤 가성가리 용액을 넣는다. 이때 트레이스 상태를 진행시켜 걸쭉하게 만든다.

3 ①에서 만든 설탕 용액을 70~80℃까지 가열한 다음 비누액을 넣는다.

4 하루가 지난 뒤 비누액을 중불에 중탕하며 데워 증류수를 넣어서 희석한다. 증류수를 넣을 때는 커피잔으로 반 컵 정도 먼저 넣어서 섞은 다음 농도를 조정한다.

5 pH페이퍼로 산도를 측정하여 산도가 9 미만인지 확인한다. 이때 산도가 10이 넘으면 중화제를 넣어서 중화시킨다.

6 에센셜 오일, 보존제, 색소 등 원하는 첨가물을 넣는다.

7 완성된 물비누를 예쁜 용기에 담는다.

산후 피부 관리 6단계 프로세스

출산 후 피부 관리는 각질 관리, 보습 관리, 수렴(붓기 제거), 탄력 관리, 미백 관리, 영양 관리 등 6단계에 걸쳐 진행된다. 모든 관리가 동시에 진행되어도 별 문제는 없지만, 이 순서를 염두에 두고 진행하면 훨씬 더 빨리 효과를 볼 수 있다.

1단계 각질 관리: 스크럽, 필링

작질은 건조해진 산모의 피부를 더 거칠게 만든다. 묵은 각질은 제때 제거해야 이후 관리가 제 효과를 볼 수 있다. 스팀타월이나 뜨거운 물 세안으로 각질을 불린 뒤 가벼운 스크럽 관리로 각질을 제거한다.

2단계 보습 관리: 팩, 에센스, 크림

수분 보충의 가장 좋은 방법은 물을 많이 마시는 것이다. 이때 피부의 수분을 보충할 수 있도록 도와주는 보습 관리를 해주면 효과적으로 촉촉한 피부를 만들 수 있다. 수분 관리 제품을 꾸준히 바르면서 주 2~3회 수분팩 관리를 병행한다.

3단계 수렴(붓기 제거): 팩, 토너, 마사지 오일

힘든 산고를 거친 산모의 몸은 전체적으로 많이 부어 있는 상태로, 부기를 빨리 빼고 늘어난 모공을 관리해줘야 매끄러운 피부로 돌아갈 수 있다. 림프 마사지로 부기를 제거하고 토닉 기능이 있는 스킨과 팩으로 모공을 수축시킨다.

4단계 탄력 관리: 마사지, 오일, 에센스, 크림

부기가 빠지면서 처지게 되는 피부를 탄력 있게 만들려면 고기능성 제품으로 꾸준히 관리해야 한다. 여기에 마사지를 병행하면 보다 빠른 효과를 볼 수 있다. 탄력 에센스와 크림, 마사지 오일을 꾸준히 사용한다.

5단계 미백 관리: 에센스, 로션

임신으로 인한 색소는 자연스럽게 빠지는 경우도 있지만 그렇지 않은 경우도 많다. 색소침착이 많은 경우에는 보습과 미백을 병행하여 꾸준히 관리해야 하고 그렇지 않다면 탄력 관리 후 진행하는 것이 좋다.

6단계 영양 관리: 에센스, 로션, 크림

이제 피부에 영양을 공급해줄 단계다. 탄력, 미백 관리와 병행해도 상관없다. 임신 기간 동안 부족했던 영양분을 채우고 손상된 피부를 회복시킬 수 있는 밑거름이 되는 영양 관리는 주로 밤에 해야 효과가 있다.

효과를 높이는 타이밍 관리법

■ 아침 피부 관리: 각질 관리, 보습 관리, 수렴(부기 제거)을 집중적으로 해주는 것이 좋다.

모닝 프로세스

세안 → 소프트 클렌징(스크럽) → 토너 → 에센스 → 로션 → 자외선 차단제

■ 저녁 피부 관리: 탄력 관리, 미백 관리, 영양 관리를 집중적으로 해주는 것이 좋다.

이브닝 프로세스

세안 → 딥 클렌징 → 팩 → 토너 → 에센스 → 로션 → 크림

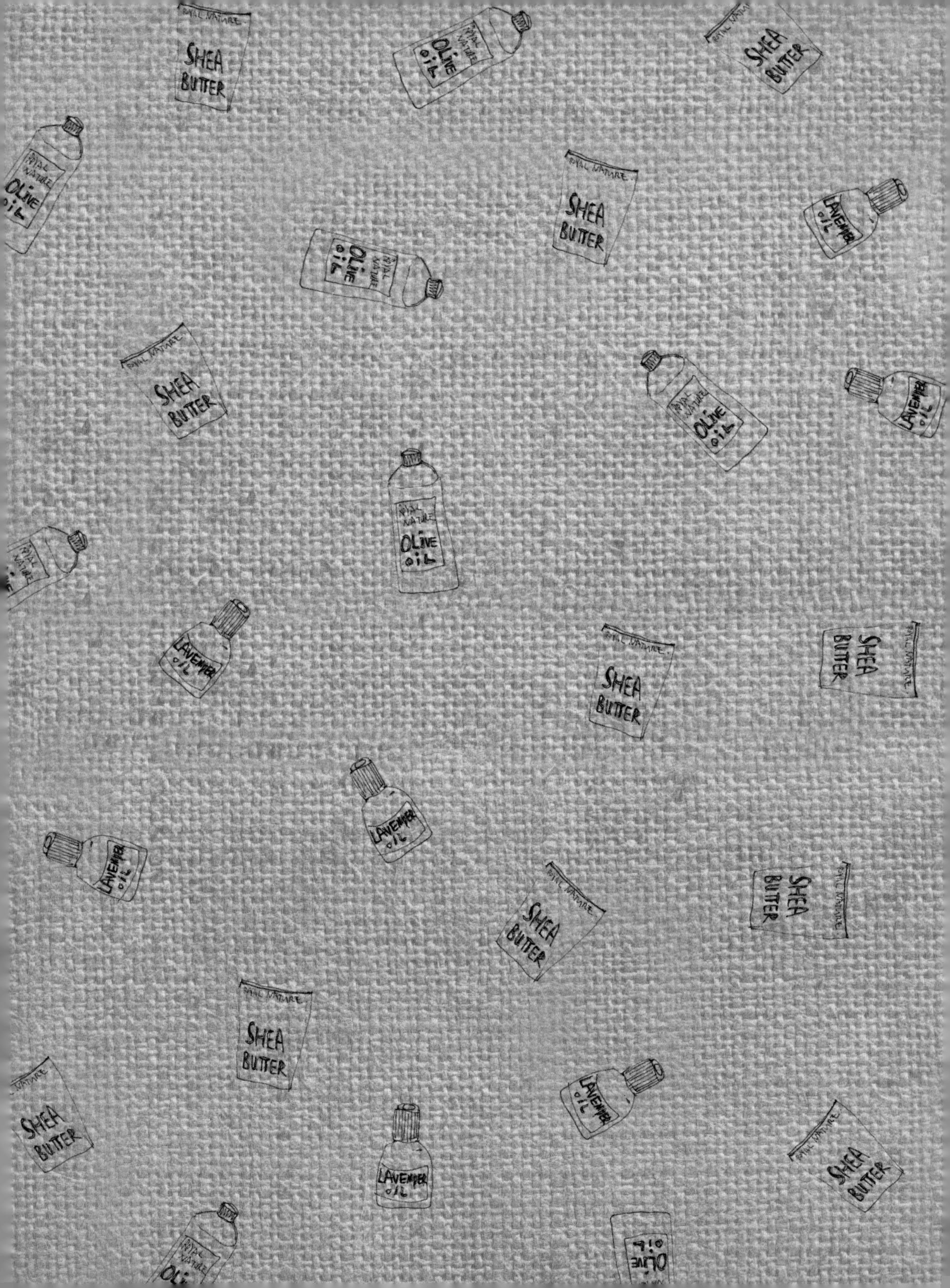
SHEA
BUTTER
OLIVE
OIL
ROYAL NATURE
LAVENDER
OIL

부록

냉장고에 있는 재료를 활용한 초간편 천연케어

냉장고를 열어보면 '피부에 양보해야' 하는 식품이 제법 많다. 각각의 식품이 갖고 있는 효능을 제대로 알고 필요할 때 활용하면 저렴한 비용으로 내 피부에 꼭 맞는 스킨케어 제품을 만들 수 있다. 단, 식품을 재료로 하는 제품의 경우, 전문 재료를 사용하는 것보다 유통기한이 짧기 때문에 사용기간을 고려하여 소량씩 만들어야 하고, 되도록 만들어서 바로 사용하는 것이 좋다.

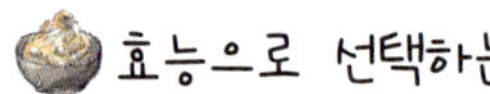 효능으로 선택하는 천연재료 

효능	천연재료
보습 효과	산양유, 바나나, 꿀, 오트밀, 유기농 흑설탕
미백 효과	키위, 토마토, 레몬, 오렌지, 가지, 시금치, 파프리카
탄력 강화	검은 콩, 브로콜리
영양 공급	아보카도, 달걀, 아몬드, 잣, 단호박
진정 효과	감자, 오이, 보리, 알로에
여드름 완화	녹차, 소금, 포도, 양배추, 배, 당근

※주의: 천연재료로 만든 제품을 사용할 때는 피부 알레르기가 있는지 먼저 확인한다. 민감한 팔 안쪽이나 귀 뒤쪽에 살짝 발라보고 선택한다.

보습 효과

산양유 바스 밀크

산양유 1컵, 꿀 1스푼 ◆ 우유 또는 산양유에 보습 효과를 더해주는 꿀을 첨가하여 입욕제로 사용하면 산모의 피부가 하루 종일 촉촉하게 유지된다.

바나나 & 오트밀 스크럽

바나나 1개(우유를 넣어) 간 것, 오트밀 곱게 간 것 5스푼 ◆ 필요 없는 각질을 제거하고 혈액순환을 돕는 스크럽은 주 1~2회가 적당하다. 바나나의 달콤한 향을 그대로 느낄 수 있으며 오트밀의 영양 성분이 피부 깊숙하게 침투한다.

허니 밀크 팩

꿀 3스푼, 산양유(우유) 조금 ◆ 꿀과 산양유를 섞어 팩 하기 좋은 농도로 맞춘다. 20분간 팩을 한 다음 미온수로 씻어내면 된다. 건조하고 거친 피부에 효과적이다.

산양유 비누

리배칭 비누 베이스 100g, 산양유 20ml ◆ 리배칭 비누 베이스를 곱게 간 뒤 산양유를 넣고 잘 섞는다. 중탕으로 녹여 반죽할 수 있는 정도가 되면 모양을 내어 굳힌다.

유기농 흑설탕 비누

MP비누 베이스 200g, 유기농 흑설탕 5g ◆ MP비누 베이스를 적당한 크기로 잘라 녹인 뒤 유기농 흑설탕을 넣고 잘 섞어준다. 비누틀에 부어 굳힌 뒤 사용한다.

미백 효과

키위 팩

키위 1/2개, 밀가루 1스푼 ◆ 비타민C와 각종 미네랄이 풍부한 키위는 피부의 수분 함유량을 높여주고 색소 생성을 저해하여 맑고 깨끗한 피부를 만들어준다.

레몬&오렌지 팩

레몬즙 1/2스푼, 오렌지 1/2스푼, 밀가루 1스푼 ◆ 오렌지와 레몬에 함유되어 있는 유기산과 과당은 피부를 촉촉하게 하고 잡티를 완화하는 효과가 있다. 묵은 각질을 제거해 칙칙한 피부 톤을 한층 맑게 해준다.

가지 팩

가지즙 2스푼, 꿀 1스푼 ◆ 피부에 얇게 바르는 액상 팩으로, 가볍게 흡수시킨 후 미온수로 닦아낸다. 가지는 피부의 잡티나 붉은 여드름을 진정시켜주는 효과가 있다.

파프리카 페이스 봄

파프리카즙 5스푼, 호호바 오일 5스푼, 구연산 100g, 탄산수소나트륨 200g, 콘스타치 10g, 라벤더 워터 스프레이 20ml, 로만 캐모마일 에센셜 오일 10방울, 라벤더 에센셜 오일 10방울
◆ 파프리카 페이스 봄을 넣은 미온수로 세안을 하면 피부의 잡티를 완화시켜준다.

① 파프리카즙을 콘스타치와 잘 섞는다.

② 여기에 구연산과 탄산수소나트륨, 호호바 오일, 에센셜 오일을 넣고 잘 섞어준다.

③ 라벤더 워터 스프레이를 분사하여 뭉쳐질 정도로 반죽한다.

④ 1회 사용량으로 적당한 모양을 내어 서늘한 곳에서 굳힌다.

 ## 탄력 강화

브로콜리 팩

브로콜리 1/3개, 밀가루 1스푼(혹은 영양크림 1스푼) ◆ 비타민A와 C가 풍부한 브로콜리로 피부를 맑고 탱탱하게 가꿔준다. 밀가루 혹은 영양크림을 섞어 20분간 팩을 한 다음 미온수로 꼼꼼하게 씻어내면 피곤하고 지쳐서 처진 피부를 회복시킬 수 있다.

검은콩 팩

검은콩 불려서 간 것 3스푼, 밀가루 1스푼(혹은 영양크림 1스푼) ◆ 검은콩은 사포닌과 이소플라본, 토코페롤 등을 함유하고 있어 항산화 작용을 돕는다. 밀가루 혹은 영양크림을 섞어 팩을 하면 피부의 탄력 강화에 도움이 된다.

검은콩 세안수

검은콩 적당량 ◆ 검은콩을 삶아 걸러낸 물을 미지근하게 식혀 세안을 하면 피부가 탱탱해진다.

브로콜리 비누

MP비누 베이스 300g, 브로콜리 1/4개 곱게 간 것, 비타민E 1g, 네롤리 에센셜 오일 9방울 ◆ MP비누 베이스를 적당한 크기로 잘라 녹인 뒤 브로콜리 간 것과 에센셜 오일, 비타민E를 넣고 잘 섞어준다. 비누틀에 부어 굳힌 후 사용한다.

아보카도 밀크 스크럽

아보카도 1/3개, 우유 1/3컵 ◆ 아보카도와 우유를 함께 갈아서 부드럽게 마사지한 다음 따뜻한 물로 씻어내면 아보카도의 영양 성분이 피부에 촉촉하게 스며들어 부드러운 피부를 유지시켜준다.

허니 너트 팩

꿀 1스푼, 아몬드 또는 잣을 곱게 간 것 3스푼, 우유 조금(농도 조절용) ◆ 재료를 잘 섞은 뒤 피부에 부드럽게 바르고 20분간 팩을 한다. 일주일에 한 번 정도 팩을 해주면 견과류에 들어 있는 다양한 영양 성분을 피부에 바로 공급할 수 있다.

아보카도 젤

알로에 베라 젤 5스푼, 아보카도 1/3 곱게 간 것, 스위트 아몬드 오일 1스푼 ◆ 아보카도와 스위트 아몬드 오일을 섞어 믹서기로 곱게 간다. 여기에 알로에 베라 젤을 넣어 잘 섞어준다. 피부에 마사지 젤로 사용해도 좋고 헤어 영양 팩으로 이용해도 좋다.

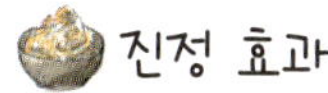 ## 진정 효과

오이 팩

오이 1/2개 ◆ 오이를 곱게 갈아 민감해진 피부에 살짝 올려 팩을 해보자. 오이즙을 내서 얇게 발라 줘도 비슷한 효과를 얻을 수 있다.

보리 팩

보리 불려서 간 것 2스푼 ◆ 보리를 씻은 다음 충분히 불려 곱게 갈아서 팩을 한다. 얇게 여러 번 발라주면 피부를 진정시키는 데 효과가 있다.

감자 클레이 팩

감자 곱게 간 것 3스푼, 호호바 오일 1스푼, 화이트 클레이 3스푼 ◆ 감자 간 것과 호호바 오일을 섞은 뒤 화이트 클레이를 넣어 잘 섞어준다. 피부 진정에 미백 효과까지 기대할 수 있다.

여드름 완화

녹차 팩

우려내고 남은 녹차 잎 2스푼 ◆ 녹차는 피부의 독소와 피지를 제거해주는 효과가 있어 여드름의 붉은기와 염증을 가라앉혀준다. 녹차를 마시고 남은 찻잎을 냉장고에 넣어 두었다가 여드름 부위에 올려 팩을 한다.

양배추 팩

양배추 간 것 3스푼, 밀가루 1스푼 ◆ 양배추에는 유황 성분, 비타민C, 칼슘, 요오드, 단백질 등이 함유되어 있어 여드름 상처를 빨리 회복시키고 피지를 조절하는 작용을 한다.

소금 비누

사해소금 1/2스푼, MP비누 베이스 300g, 티트리 에센셜 오일 10방울 ◆ MP비누 베이스를 적당한 크기로 잘라 녹인 뒤 소금과 에센셜 오일을 넣고 잘 섞어준다. 비누틀에 부어 굳힌 후 사용한다.

당근 비누

당근 간 것 1스푼, MP 비누 베이스 300g, 티트리 에센셜 오일 15방울 ◆ MP비누 베이스를 적당한 크기로 잘라 녹인 뒤 당근 간 것과 에센셜 오일을 넣고 잘 섞어준다. 비누틀에 부어 굳힌 뒤 사용한다.

건강하고 안전한 출산을 위한 프레나탈 마사지

MASSAGE 1 · 혼자서 가볍게 할 수 있는 셀프 마사지

마사지는 피부 건강은 물론 스트레스를 해소하고 기분을 좋게 만들어주는 효과가 있다. 또 엄마가 손과 피부를 통해 느끼는 따뜻하고 부드러운 느낌이 뱃속의 아기에게 전달되어 엄마와 아기가 함께 행복해지는 효과가 있다.

1. 셀프 마사지는 특별한 테크닉보다 임산부가 스스로 자신의 몸 구석구석을 가볍게 터치한다는 느낌으로 하면 된다.

2. 샤워 후 5~10분 정도로 진행하되, 부담 없는 선에서 자주 하는 것이 좋다.

3. 심장과 먼 부위부터 심장 쪽으로 마사지한다.

how to 마사지 오일 블렌딩

스위트 아몬드 오일 1스푼 + 로만 캐모마일 혹은 라벤더 1방울

복부 마사지는 5개월 이후 ★ 임신 초기 단계 즉, 5개월 이전에는 복부 마사지를 하지 않는다. 이때는 태반이 완성되지 않은 상태이기 때문에 아기에게 불필요한 자극을 줄 수 있는 일은 삼가는 것이 좋다.

 · **엄마와 아기가 모두 좋아하는 태교 손 마사지**

남편이 아내에게 해주면 좋은 손 마사지다. 마사지는 받는 사람이 편안해야 효과가 있기 때문에 조용한 분위기에서 하는 것이 좋다. 부부가 서로 마사지를 해주면 부부관계도 호전되고 임신으로 인한 우울증을 완화해주며, 태교에도 도움이 된다.

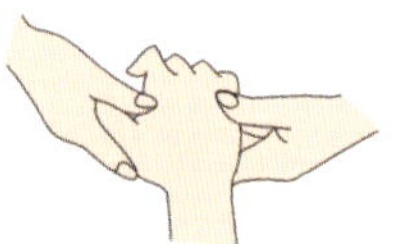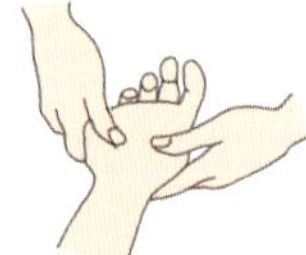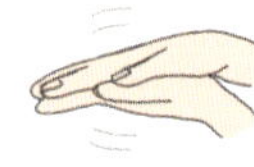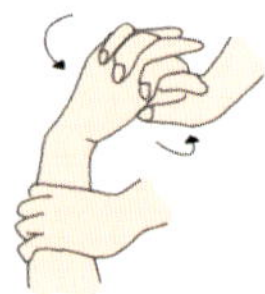

1. 마사지 오일을 덜어 손목에서 팔꿈치까지 부드럽게 쓸어 올리고 내리는 동작을 3번 진행하여 고루 발라준다. 손등 양 옆을 잡고 양손 엄지를 이용하여 손등을 원을 그리며 마사지한다. (3회)

2. 양손 엄지를 이용하여 손바닥의 중앙에서부터 지압을 한다. (3회)

3. 손바닥 전체를 부드럽게 쓸어준다. (3회)

4. 손가락과 손가락 사이를 지압해준다. (3회) 손가락을 하나씩 쥐어 가볍게 잡아당겨 빼는 동작을 총 3회씩 반복한다. 팔꿈치에서 손끝까지 쓸어내려 마무리한다.

how to 마사지 오일 블렌딩

호호바 오일 5스푼 + 카렌듈라 인퓨즈드 오일 5스푼 + 라벤더 3방울

발에는 온몸으로 연결되는 반사구가 자리하고 있어 발을 마사지하는 것만으로도 온몸을 마사지한 것과 비슷한 효과를 얻을 수 있다. 피로와 부기를 해소하는 데는 도움이 되므로, 시간이 날 때마다 마사지를 해주는 것이 좋다.

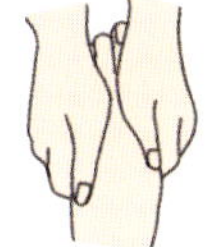 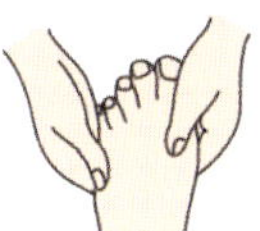 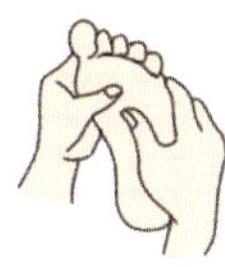 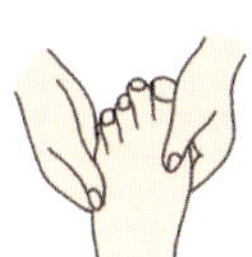 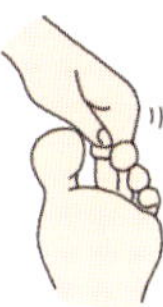

1. 마사지 오일을 적당량 덜어 발 전체에 골고루 발라준다. 양손으로 발등 양옆을 잡고 엄지로 안쪽에서 바깥쪽으로 쓸어주며 마사지한다.(4회)

2. 네 손가락이 발등쪽으로 가게 하여 발을 잡고 발가락쪽으로 잡아 빼준다.(4회) 발목을 오른쪽으로 8회 왼쪽으로 8회 돌려준다.

3. 주먹을 쥔 상태로 발바닥을 아래위로 마사지한다. 손바닥으로 가볍게 발바닥을 가볍게 쓸어준다.(4회)

4. 양손 엄지로 발꿈치에서 위쪽으로 지압하여 올라간다. 이때 발바닥 전체를 지압해야 하므로 발바닥을 세부분으로 나눠 각각 지압한다.(3회)

5. 발가락을 가볍게 돌려준 다음 살짝 잡아당기듯 빼준다.(4회) 발 전체를 가볍게 쓸어준 후 발가락 끝쪽으로 빼준다.

how to 마사지 오일 블렌딩

호호바 오일 5스푼 + 스위트 아몬드 오일 5스푼 + 네롤리 3방울

 · **경직된 목과 어깨를 풀어주는 마사지**

스트레스를 받거나 피로가 누적되면 어깨와 뒷목이 경직되면서 두통으로 고통을 받게 된다. 특히 어깨 경직은 그때그때 풀어주지 않으면 점점 더 단단하게 굳어져 풀기 어려워지므로 지속적으로 마사지를 해주는 것이 좋다.

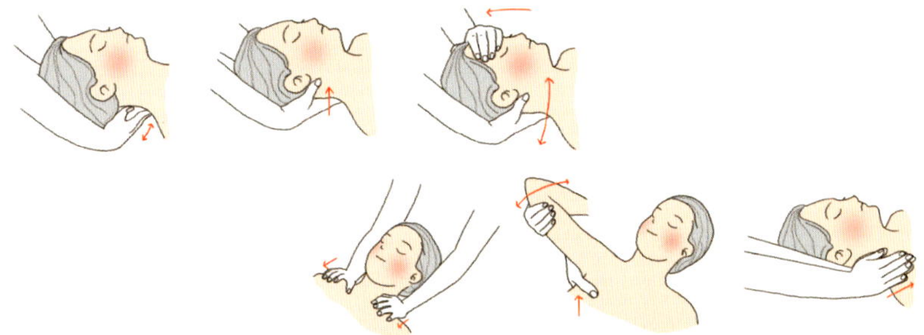

1. 편안하게 눕게 한 뒤 머리맡에서 목 밑으로 양손을 넣어서 근육을 움켜쥐고 주무른다.

2. 한 손의 엄지와 중지를 사용하여 머리 바로 밑의 움푹 들어간 부위를 꼭꼭 눌러 준다.

3. 한 손으로 목줄기를 잡고 한손으로는 이마를 쥐고 머리 전체를 아래 위, 좌우로 가볍게 흔든다.

4. 두 손으로 어깨를 리듬감 있게 주무른다.

5. 견갑골 밑으로 한 손을 넣어 누르면서 다른 한 손은 어깨 밑에 넣어 뒤쪽으로 잡아당긴다.

6. 두 손을 겹쳐 어깨 죽지에 대고 비비듯이 눌러준다.

how to 마사지 오일 블렌딩

호호바 오일 5스푼 + 올리브 오일 5스푼 + 블랙페퍼 2방울 + 라벤더 4방울 튼살은 일단 생기면 없애기가 힘들다. 처음에는 붉은색을 띠다가 출산 후 점점 옅어지면서 흰색으로 변하는데, 만지면 울퉁불퉁하게 느껴지기도 한다. 최선의 방법은 꾸준한 마사지로 튼살이 생기기 전에 예방하는 것이다.

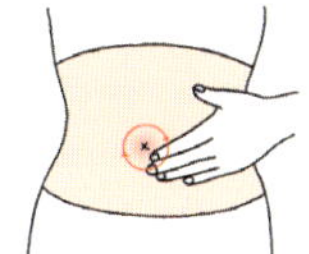 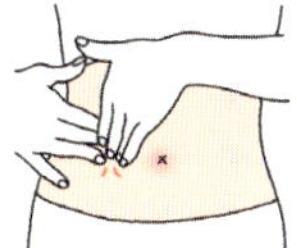 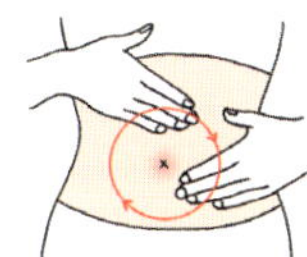 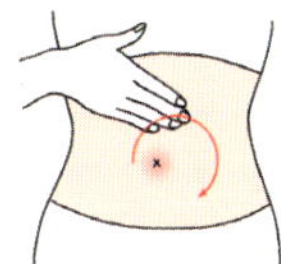

1. 마사지 오일을 적당량 발라 배꼽을 중심으로 둥글게 원을 그리며 마사지한다.
2. 손을 오므리고 배꼽 부위부터 가슴 아래 부분까지 전체를 돌려가며 가볍게 두드린다.
3. 배 전체를 시계 방향으로 쓸어준다.
4. 배꼽 주위부터 점점 넓게 원을 그리며 마사지한다.

how to 마사지 오일 블렌딩

호호바 오일 5스푼 + 타마누 오일 5스푼 + 만다린 10방울

튼살에 선탠은 금물! ★ 튼살 부위를 자외선에 노출하면 튼살 부위는 타지 않고 주변 피부만 검게 타기 때문에 각별히 주의한다.

 · **풀코스로 즐기는 프레나탈 릴렉스 마사지**

프레나탈 마사지는 피로해지기 쉬운 임산부에게 수분과 영양을 공급해주며, 체내에 축적된 독소를 배출해주는 효과가 있다. 뿐만 아니라 안티에이징, 리뉴얼, 클렌징 효과까지 있어 태아와 산모 모두에게 편안함과 만족스러움을 제공해준다.

마사지 순서
머리-어깨-팔-손-가슴-목-등-허리-골반-다리-발

Step 1 • 두통을 완화하고 머리를 맑게 해주는 머리 마사지

1 양손으로 앞이마와 뒷머리를 동시에 지그시 누른다. (3회)

2 양쪽 관자놀이를 양손바닥으로 지그시 누르고 양손가락 끝으로 두피 전체를 튕기듯 지압한다. (3회)

3 귀를 양손으로 살짝 덮어 마무리한다.

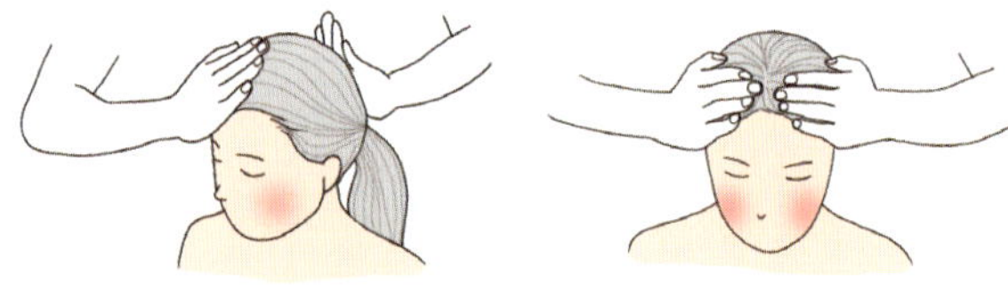

Step 2 ● 근육의 긴장을 이완해주는 어깨&팔 마사지

1 어깨에서 손목까지 밀착하여 길게 쓰다듬는다. (3회)

2 같은 부위를 가볍게 비틀 듯이 마사지한다. (3회)

3 어깨를 주무르듯 마사지한다. (3회)

4 팔에서 어깨를 지나 머리 밑까지 쭉 연결하여 쓸어올린다. (1회)

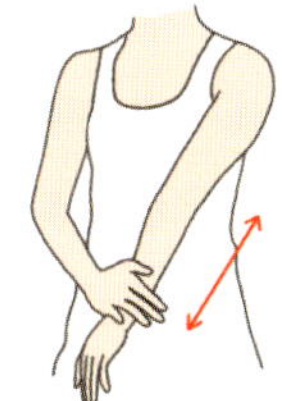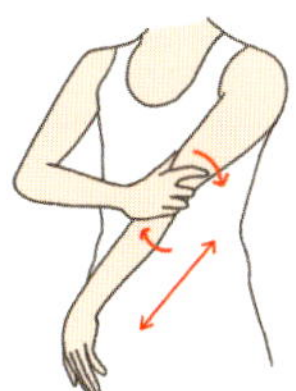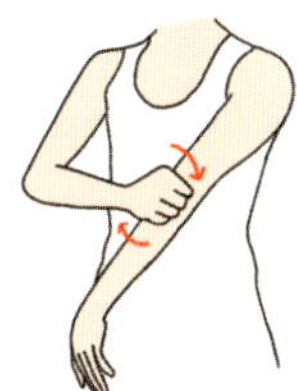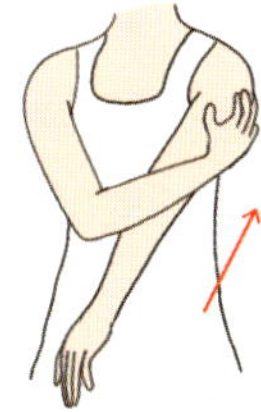

Step 3 ● 혈액순환과 신진대사를 촉진시키는 손 마사지

1 엄지손가락으로 손바닥과 손등을 책장을 펼치듯 문지른다. (9회)

2 엄지손가락으로 손바닥과 손등의 뼈마디 사이를 꼼꼼히 느리게 지압한다.

3 엄지손가락으로 손등을 책장을 펼치듯이 손목에서 손가락 쪽으로 문지른다.

4 손가락을 하나하나 가볍게 쥐어 잡아빼듯 한다.

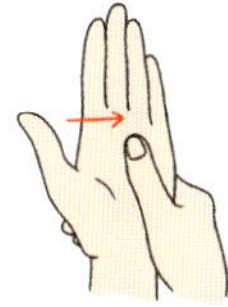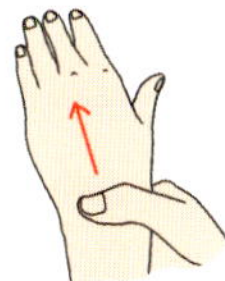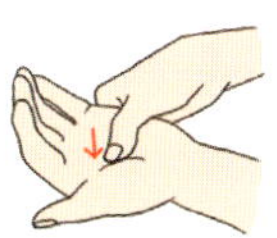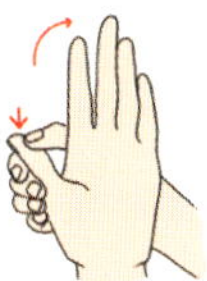

 ● 유방암과 호흡기 질환을 예방하는 가슴 마사지

1 네 손가락으로 가슴 위 안쪽에서 겨드랑이 밑까지, 겨드랑이 밑에서 가슴 위를 지나서 가슴 안쪽
   까지 원을 그리듯 쓰다듬는다. (3회)

2 가슴 위 중앙에서 겨드랑이 쪽으로 부드럽게 쓸어내리며 (3회) 쇄골에서 가슴 중앙쪽으로 내려
   가슴 바깥쪽으로 원을 그리듯 마사지한다. (6회)

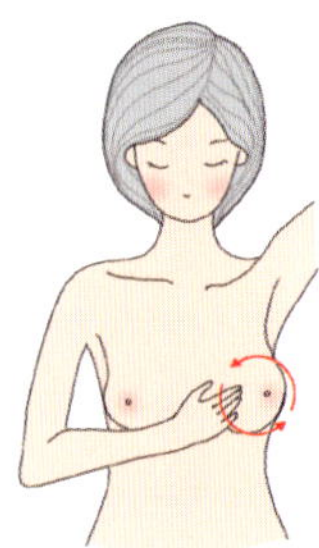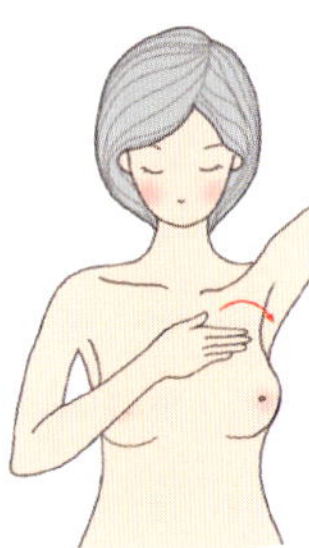

 ● 피로회복에 도움이 되는 목 마사지

1 뒷목을 손가락 전체로 아래에서 머리쪽으로 쓸어 올리듯 마사지한다. (3회)

2 두 손의 손목을 살짝 붙여 네 손가락으로 목의 윗부분부터 아래쪽으로 이동하여 원을 그리듯 마사
   지한다. (3회)

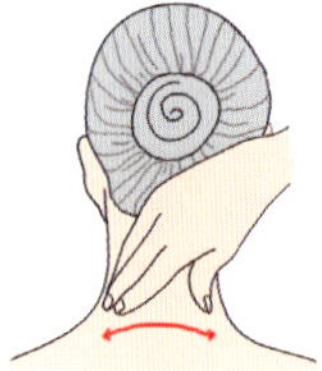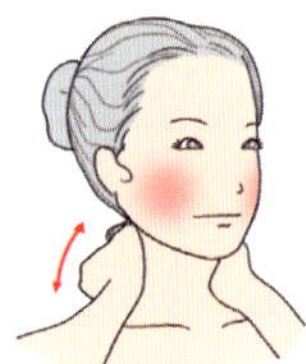

$\mathscr{Step}\ 6$ ● 내장 기능을 활성화하고 요통을 예방하는 등&허리 마사지

1 임산부를 옆으로 눕힌 뒤 등을 위 아래로 쓰다듬는다. (3회)

2 어깨뼈에서 겨드랑이 쪽으로 쓸어내려 준 다음, 겨드랑이 림프절 부분을 부드럽게 쓸어올린다.
 (3회)

3 어깨 날개뼈(견갑골) 가장자리를 엄지손가락으로 원을 그리면서 쓸어내린다. (3회)

4 척추 기립근 주위에 작은 원을 그리면서 위에서 아래로 마사지한다. (3회)

5 척추 기립근을 중심으로 손바닥 전체를 이용하여 길게 쓸어내리듯이 마사지한다. (3회)

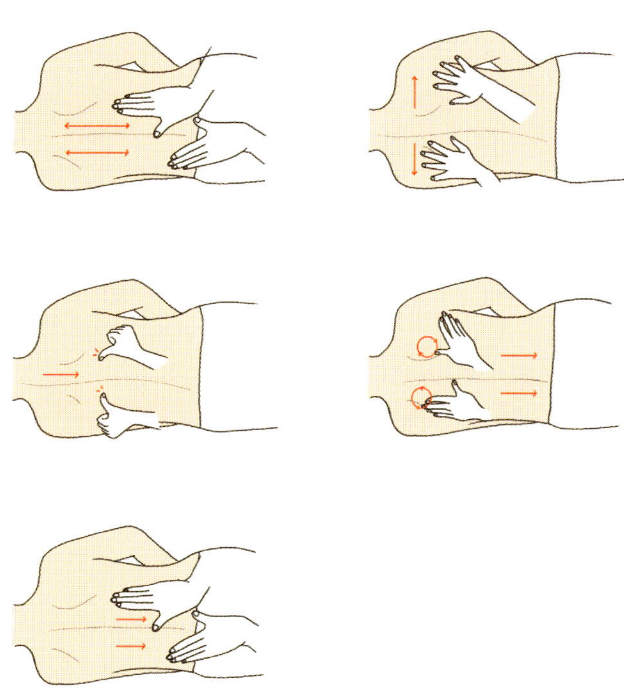

Step 7 ● 출산 시 통증을 감소시켜주는 골반 마사지

1 허리에서 골반까지 양손으로 둥글게 원을 바깥쪽으로 그리면서 위 아래로 마사지한다. (3회)

2 엉덩이를 네 손가락으로 중앙에서 좌우 바깥쪽을 향해 쓸어내린다. (3회)

3 양쪽 엉덩이를 전체적으로 둥글게 큰 원을 그리듯 쓰다듬는다. (1회)

4 꼬리뼈 부위를 손가락 밑면을 이용하여 마사지 한 다음 손바닥 전체로 압력을 넣어 눌러준다.
  (3회)

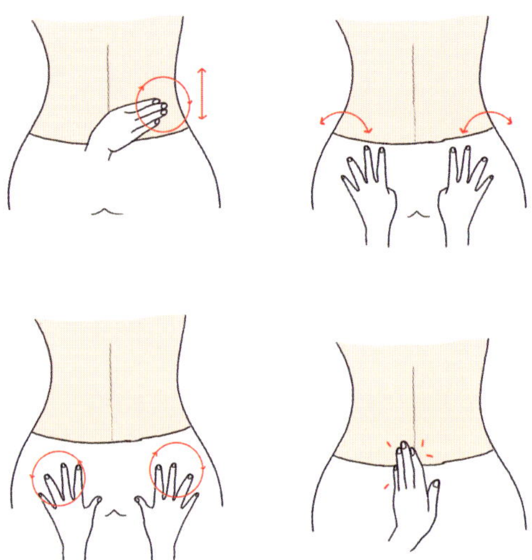

Step 8 ● 배의 무게감과 부종을 해소하는 다리&발 마사지

1 양손을 깍지 낀 후 압력을 넣어 발가락에서 발목 쪽으로 발등을 쓸어 올려준다. (3회)

2 발바닥 양옆을 양손바닥으로 세로 방향으로 여러 번 쓸어준다.

3 발바닥은 한 손으로, 발등을 다른 한 손바닥을 이용하여 발가락에서 발뒤꿈치 쪽으로 쓸어내린다.

4 양손을 깍지 낀 후 손바닥으로 발가락에서 허벅지 쪽으로 압력을 넣어 쓸어 올린 후 허벅지 아래쪽으로 부드럽게 쓸어내린다. (3회)

5 양손바닥 발뒤꿈치에서 발가락 쪽으로 압력을 가하면서 마사지한다. (3회)

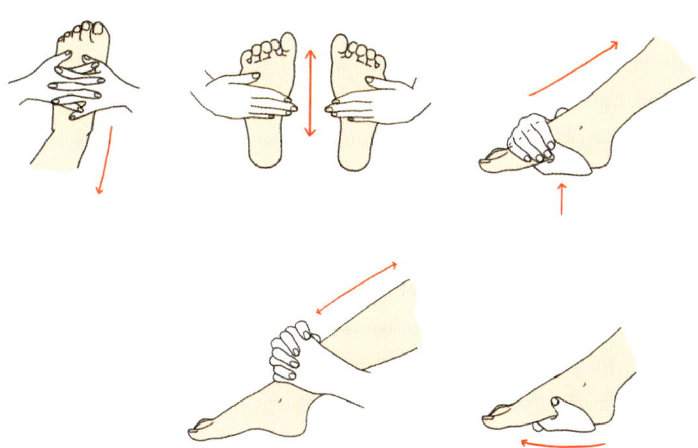

다양한 비누 만들기 레시피 5

앞에서 설명한 4가지 대표적 기법 외에도 비누를 만들 수 있는 방법은 다양하다.
여러가지 비누 만들기 기법을 통해 색다른 천연비누를 만들 수 있다.

1. Hot Process(HP)_고온 법(투명비누)

1. 가성소다와 증류수를 계량한 다음 가성소다를 증류수에 넣고 가성소다 용액을 만든다.

2. 베이스 오일을 계량하고 용제의 알코올, 글리세린을 따로 계량해 랩핑한다. 설탕용액도 만들어 랩핑해둔다.

3. 가성소다 용액과 베이스 오일의 온도가 45℃로 같아지면 오일 비커에 가성소다 용액을 부어주어 과트레이스 상태를 만든다.

4. 과트레이스 상태가 되면 글리세린을 넣고 핸드 블렌더로 잘 섞는다.

5. 4를 가열기구에 올려 54~60℃까지 가열한다.

6. 비누액에 알코올을 붓고 핸드 블렌더로 잘 섞은 뒤 랩핑하여 68~70℃까지 가열한다.

7. 설탕용액을 68~70℃로 가열한 다음 비누액에 넣고 잘 섞는다.

8. 7을 82℃까지 가열한 뒤 가열기구에서 내린다. 이때 랩핑을 벗겨 알코올이 휘발되지 않게 주의한다.

9. 50℃ 아래로 떨어지면 첨가물을 넣고 비누틀에 붓는다.

10. 1~2일 지나면 비누틀에서 비누를 꺼낸 뒤 칼을 이용하여 원하는 크기로 잘라 서늘하고 환기가 잘되는 곳에서 2~3주간 건조, 숙성시킨다.

11. pH 테스트를 한 후 8~9 정도가 나오면 사용한다.

2. Hot Process(HP)_고온 법(폼 클렌저)

1 가성가리, 가성소다와 증류수를 계량한 다음 스테인리스 비커에 넣고 녹여 가성
가리&가성소다 용액을 만든다.

2 베이스 오일을 계량하고 가열기구에 올려 75℃까지 가열한다.

3 2에 준비한 가성가리&가성소다 용액을 넣는다.

4 핸드 블렌더를 이용해 크림 상태로 만들고 크림 상태가 되면 첨가물을 넣는다.

5 4를 2시간 30분 동안 랩핑한 후 중탕하며 중간 중간 저어준다.

6 중탕하는 동안 슈퍼 스테아르산을 만든다. 스테아르산에 증류수를 넣어 가열한다.

7 5가 반투명한 비누가 되면 꺼내고 슈퍼 스테아르산과 함께 블렌더로 골고루 5분간 섞어준다.

8 2~3주 후 완성된 폼 클렌저를 증류수에 넣고 희석하여 사용한다.

9 pH 테스트를 한 후 8~9 정도가 나오면 사용한다.

3. 크림 비누_(응용)

1 리배칭할 비누를 강판에 곱게 간 다음 250㎖ 유리 비커에 증류수를 넣고 약한 불
  에서 약 15~25분간 중탕하여 녹인다.

2 유리 비커에 계량한 유화제를 넣고 녹인다.

3 1에 2를 넣고 잘 섞는다.

4 온도가 40℃ 정도로 떨어지면 첨가물을 넣고 잘 섞어준다

5 용기는 에탄올 스프레이로 소독한 다음 크림 비누를 담아 사용한다.

4. 계면활성제를 이용한 제품

1. 500ml 유리 비커에 증류수를 넣고 계량한 다음 50℃ 정도로 따뜻하게 데운다.

2. 1에 점증제인 폴리쿼터를 넣는다.

3. 약수저로 5~10분 정도 잘 저어준다. 증류수의 온도가 점점 내려가면서 폴리쿼터의 점증이 일어나 점도가 생긴다.

4. 3에 나머지 계면활성제(코코베타인, 애플 계면활성화제, 올리브 APG 등)와 첨가물을 넣는다.

5. 다 만들어지면 250ml 투명 샴푸 용기에 담는다.

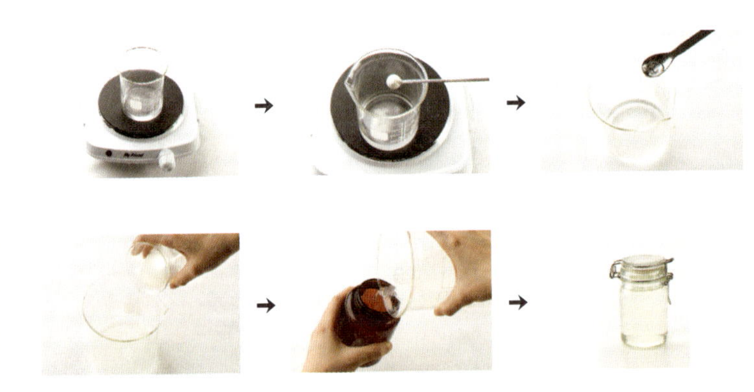

5. 솝 파우더 비누

1 마스크를 착용한 다음 솝 파우더를 2L 스테인리스 비커에 넣고 전자저울에 올려 계량한다.

2 증류수를 넣고 깔끔주걱으로 잘 섞는다.

3 어느 정도 섞이기 시작하면 첨가물과 에센셜 오일을 넣고 반죽한다.

4 비누틀에 넣어 모양을 내거나 지점토 반죽하듯 모양을 내어 완전히 굳힌 후 사용한다.

ROYAL NATURE

LOVES THE ENERGY OF EARTH AND NATURE
WE PROMISE TO PROTECT ENVIRONMENT WITH OUR LAND
WE LOVE KIDS OF MANKIND AND
LEAVES OF NATURAL PLANT

로얄네이쳐는 자연에 대한 사랑, 조화, 신념을 나타내는 특별한 상징입니다. 지구와 자연의 모든 에너지를 사랑하며 우리의 손으로 인류와 환경을 보호하고자 합니다. 대지 위의 생명을 사랑하며 생에 열정과 창의력; 아름다움을 불어 넣고자 노력합니다. 우리는 인류와 환경의 내추럴 서포트입니다.

THIS ALL IS YOURS

Royal Nature _{Only}

Only Natural Ingredient

로얄네이쳐는 엄선된 천연재료만을 사용하는 친환경적인 브랜드입니다.

US FDA Permission

로얄네이쳐의 비누 원료들은 최우수 품질을 자랑하는 안전한 원료이며 FDA승인을 받은 인체에 무해한 제품들을 취급합니다.

Lifetime Education Institution

로얄네이쳐는 천연주의 업체로서 국내에서 유일하게 교육부의 정식 인가를 받아 평생 교육원이 되었습니다. 한국능률협회와 함께 천연비누 제조사 자격증 과정, 천연 화장품 제조사 과정을 교육하고 캐나다 WCIA의 한국 학교를 설립하여 발급하는 전문 교육기관입니다.

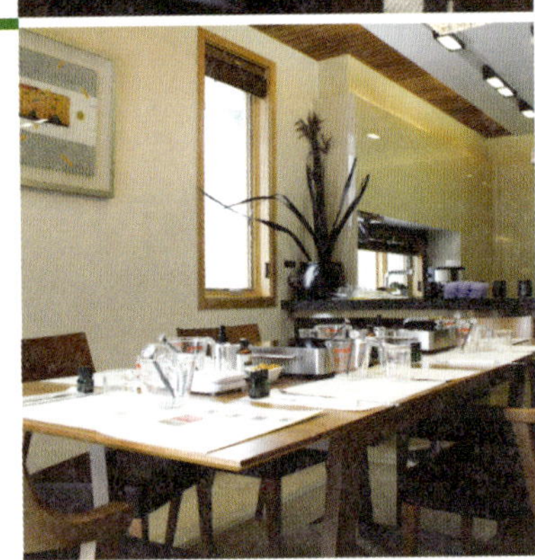

Strict Product Quality Control

로얄네이쳐는 업계 최초로 천연비누 생산체제를 확립하였으며 차별화된 고유의 노하우로 좋은 비누를 만들기 위해 엄격한 품질 관리를 하고 있습니다.

Environment Friendly Company

로얄네이쳐는 환경 보호를 위해 과대 포장 및 불필요한 2차 포장을 하지 않으며 재생 가능한 용기를 사용합니다.

GMO Free

로얄네이쳐는 우리 몸에 해롭고 환경을 파괴하는 유전자 조작 원료를 사용하지 않습니다.

Only Vegetable Oil

로얄네이쳐는 식물성 아로마 오일을 사용하여 건조하거나 가려운 피부, 민감한 피부에 좋으며 보습력과 영양이 뛰어납니다.

Worldwide Network

(주)미현재 로얄네이쳐는 미국의 마사스튜어트가 리드하고 있는 천연 비누 전문기업인 LOTP사의 아시아 총판입니다. 미국의 BB사, 미국 수제비누 협회, 영국의 IFA, 캐나다의 WCIA 등과 제휴하고 있으며 해외의 선진 노하우를 직접 한국에 전달하면서 동시에 한국인에게 맞는 비누를 개발하고 있습니다.

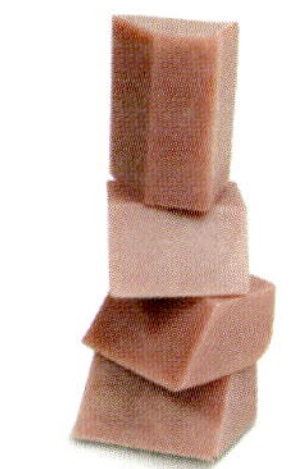

ROYAL NATURE

We build nature
Natural toys for ladies

10% DC

안스아카데미 본사 방문
DIY제품 구매시
(단, 5만원 이상에 한함)

1.다른 쿠폰과 중복 사용할 수 없습니다.
2.1인 1매 사용가능합니다.
3.문의 및 예약전화 02)522-3445

✿ Coupon

10% DC

안스아카데미 본사 방문
DIY제품 구매시
(단, 5만원 이상에 한함)

1.다른 쿠폰과 중복 사용할 수 없습니다.
2.1인 1매 사용가능합니다.
3.문의 및 예약전화 02)522-3445

✿ Coupon

5% DC

천연 아기케어
(과정 수강료)

1.교육장소 :
평생교육원 본원 / 평생교육원 전국지점
2.1인 1매 사용가능합니다.
3.문의 및 예약전화 02)522-3445

✿ Coupon

5% DC

천연 산모케어
(과정 수강료)

1.교육장소 :
평생교육원 본원 / 평생교육원 전국지점
2.1인 1매 사용가능합니다.
3.문의 및 예약전화 02)522-3445

✿ Coupon

5% DC

천연비누 제조사
(자격증 과정)

1.교육장소 :
평생교육원 본원 / 평생교육원 전국지점
2.1인 1매 사용가능합니다.
3.문의 및 예약전화 02)522-3445

✿ Coupon

5% DC

천연화장품 제조사
(자격증 과정)

1.교육장소 :
평생교육원 본원 / 평생교육원 전국지점
2.1인 1매 사용가능합니다.
3.문의 및 예약전화 02)522-3445

✿ Coupon

5% DC

홈스쿨 과정
핸즈온 워크샵 프로그램
(기능성 라인)

1.다른 쿠폰과 중복 사용할 수 없습니다.
2.1인 1매 사용가능합니다.
3.문의 및 예약전화 02)522-3445

✿ Coupon

5% DC

홈스쿨 과정
핸즈온 워크샵 프로그램
(베이비 라인)

1.다른 쿠폰과 중복 사용할 수 없습니다.
2.1인 1매 사용가능합니다.
3.문의 및 예약전화 02)522-3445

✿ Coupon

5% DC

홈쇼쿨 과정
핸즈온 워크샵 프로그램
(아토피 라인)

1.다른 쿠폰과 중복 사용할 수 없습니다.
2.1인 1매 사용가능합니다.
3.문의 및 예약전화 02)522-3445

✿ Coupon

5% DC

WCIA101아로마테라피
제조사
(자격증 과정)

1.교육장소 :
평생교육원 본원 / 평생교육원 전국지점
2.1인 1매 사용가능합니다.
3.문의 및 예약전화 02)522-3445

✿ Coupon

700m
WE
BUILD
NATURE
해발 700m
자연이 살기 좋은 인간세상

NEVER ENDING Soap Story of ROYAL NATURE and DF SOAP BASE
Lavender
Neroli
Niaouli
Lemon
Orange Sweet
Ylang Ylang
Jasmin
Lemongrass
Rosemary
Majoram
Mandarin
Bergamot
Vetiver
Cypress
Sandalwood
Cinnamon
Cedarwood